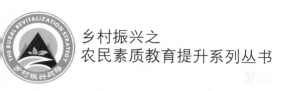

乡村振兴之
农民素质教育提升系列丛书

农业机械操作员

◎ 毕文平　刘　宏　王继政　主编

中国农业科学技术出版社

图书在版编目（CIP）数据

农业机械操作员／毕文平，刘宏，王继政主编．—北京：中国农业科学技术出版社，2018.1（2019.9 重印）

乡村振兴之农民素质教育提升系列丛书

ISBN 978-7-5116-3273-9

Ⅰ．①农⋯ Ⅱ．①毕⋯②刘⋯③王⋯ Ⅲ．①农业机械-操作-技术培训-教材 Ⅳ．①S232.7

中国版本图书馆 CIP 数据核字（2017）第 235341 号

责任编辑	徐 毅
责任校对	马广洋

出 版 者	中国农业科学技术出版社
	北京市中关村南大街 12 号　邮编：100081
电 话	（010）82106631（编辑室）　（010）82109702（发行部）
	（010）82109709（读者服务部）
传 真	（010）82106631
网 址	http://www.castp.cn
经 销 者	各地新华书店
印 刷 者	廊坊市国彩印刷有限公司
开 本	850mm×1168mm　1/32
印 张	5.75
字 数	150 千字
版 次	2018 年 1 月第 1 版　2019 年 9 月第 5 次印刷
定 价	26.00 元

《农业机械操作员》
编委会

毕文平简介

毕文平，男，1965年7月生，研究生学历，工学硕士学位，正高级工程师，在职研究生导师，享受河北省特殊津贴专家，现为廊坊市农机安全监理所所长、党支部书记。

自1986年参加工作以来，先后从事农机化管理、教育培训、科研、农机化新技术示范推广和农机安全监理工作。毕文平是中国农机化计算机应用研究会理事、是全国农业工程学会和农机学会等多个学会会员，是河北省农业工程系列高级专业技术职务任职资格评审委员会评委，河北省科技厅项目评审、鉴定、验收专家；河北省农业厅专家咨询团技术咨询专家；是河北省和廊坊市多所高校的外聘教师；是廊坊市科技专家献策团成员，市级劳动模范，2002年省政府授予"河北省有突出贡献的中青年科技管理专家"，是全国农机科普先进个人、全国农业计算机应用先进个人、全国家机安全监理岗位示范标兵、河北省农业系统先进个人。

在学术方面：为促进农机农艺结合，1995年在中国计量出版社主编出版《农作物高产农机农艺综合实用配套技术》；为加快推进计算机在农机化系统的推广应用，1998年在清华大学出版社第一主笔编著《计算机在农机化管理中的应用》；2000年在农业机械出版社编写出版《拖拉机使用技术》；2015年在中国农业科技出版社主编出版《拖拉机联合收机驾驶员必读》；2017年在金盾出版社主编出版《农业安全生产事故处理必读》，目前已出版著作11部。在《国际农业计算机世纪回顾与展望学术交流

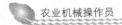

会论文集》《中国农业大学学报》《西南农业大学学报》《河北农业大学学报》《农业机械》《农业系统科学与综合研究》等国际、全国性学术会议和核心期刊发表论文30多篇。

在科技成果方面：先后承担了国际科技部、农业部、河北省科技厅、河北省—中国农大省校科研合作项目和市级科研课题多项，获得国家、部（省）和市级科技奖励10项，取得了较显著的经济效益、社会效益和生态效益，也多次获得全国、省委、省政府和廊坊市委、市政府表彰。

前　言

党的"十八大"报告提出"坚持走中国特色新型工业化、信息化、城镇化、农业现代化道路",强调"加快发展现代农业,增强农业综合生产能力,确保国家粮食安全和重要农产品有效供给",标志着党中央在"四化同步"中高度重视农业现代化建设,把农业现代化列入了加快转变经济发展方式的重要内容和全面建成小康社会的重要目标。

今后相当长一个时期,建设现代农业都将是我国农业农村改革和发展的主旋律。而农业机械作为一种现代化生产手段,是农业先进生产力的代表,是现代农业的重要物质基础,农业机械化不仅是农业现代化的重要标志,而且在现代农业建设中具有基础性、承载性和助力性等不可或缺的重要地位和作用。

在农业生产中,用先进的机械化生产工具代替人、畜力生产工具,这是人类深刻的技术革命。农业机械装备突破了人畜力所不能承担的农业生产规模的限制,机械作业实施了人工所不能达到的现代科学农艺要求,改善了农业生产条件,提高了农业生产力水平,为农产品品质提高,形成专业化、商品化生产提供了可能。从我国的实践来看,农业机械化经过近70年的发展,其直接成果在于实现了3个"解放",即把农民从土地中解放出来,彻底改变了多数农民种地求温饱的局面;把农业从传统的生产方式中解放出来,彻底改变了靠人畜力为主的落后低效的生产方式;把农民从高强度的劳作中解放出来,彻底改变了面朝黄土背朝天,日出而作、日落而息的生活方式。从这个意义上讲,农业机械化不仅为"三农"发展夯实了基础,而且更重要的是为工业化、城镇化、现代化创造了条件。

现代农业的根本要求是实现"高产、优质、高效",而完成这一目标决不单是农艺技术所能胜任的，单纯强调育种、作物布局、优良品种、生物技术等是不能实现的，任何先进的农艺措施在它最终获得与其配套的相应机械技术实施之前，都不会大面积、大规模应用，也无法显示其高产高效特性，只有与机械化相配套，实现农艺和农机的有机结合，才会形成巨大的现实社会生产力。可见，农业机械化是农业现代化的发展基础、科技载体、重要标志，农业机械化通过满足农业现代化的发展要求，并与其他现代化措施紧密结合，形成集成效应，推动农业现代化进程。

农业机械化不仅显著提高了农业综合生产能力，促进了粮食增产、农民增收，推动了农业规模经营的发展，而且机械化作业实现的节种、节水、节肥、节药、节省人工以及推广环保新技术带来的技术集成、资源节约和生态效应也为农业可持续发展做出了积极贡献。

随着国家农业机械购置补贴惠农政策的持续实施，农民购机热情高涨，大量不同种类的农业机械迅猛增加，如何操作使用好这些机械，让这些机械发挥最大的功效，更好地为农业现代化服务，就要求广大的农机操作员熟练的操作和使用这些机械。为了帮助农机操作员掌握正确使用和维护的基本知识，提高农业机械的生产效率，安全优质地服务于现代农业，编者集多年农机工作的实践经验编写了此书。

本书分为9个模块，包括农业机械操作员工作认知、农业机械常用油料选用、拖拉机驾驶操作技术、耕整地机械的使用和保养、播种机的使用和保养、水稻插秧机的使用和保养、小麦联合收割机的使用和保养、玉米联合收割机的使用和保养、农业机械操作员经验交流。内容翔实、语言通俗、图文并茂，具有很强的实用性。

由于农作物种类繁多，机械品牌多样，受版面所限不能一一具体介绍。在实际生产中，还应结合农业机械产品说明书具体操作。

由于时间和水平有限，书中难免存有错误之处，敬请批评指正！

编者

目　　录

模块一　农业机械操作员工作认知

一、工作简介

农业机械操作员是指操作用于农业生产及其产品初加工等相关农事活动的机械、设备，进行农业生产作业的人员。如拖拉机操作员、联合收割机操作员等。随着农业机械化生产的飞速发展，农业机械操作员已经成为农业生产的主力军。

要做一名合格的农业机械操作员，应具备一些知识和技能。

（1）掌握农业机械常用的燃油、润滑油、液压油的种类、牌号、性能。能够熟练选用农业机械常用的燃油、润滑油、液压油等。能进行农业机械常用油料的净化。

（2）掌握拖拉机及配套机具的组成、功用、构造和工作过程（可根据当地情况选学联合收割机、水稻插秧机、重点推广的农机具等机械）。能够熟练掌握拖拉机及配套机具（或联合收割机、水稻插秧机、挖掘机、植保机械、重点推广的农机具等）启动前的检查技术。主要包括启动前检查的内容、方法和技术要求。能够熟练启动拖拉机（或联合收割机、水稻插秧机、挖掘机、植保机械、重点推广的农机具等）和驾驶操作技术。主要包括正确启动发动机、起步、场地驾驶技术、道路驾驶技术、应急处置技术和安全注意事项。

（3）能够熟练进行拖拉机及配套机具（或联合收割机、水稻插秧机、挖掘机、植保机械、重点推广的农机具等）作业调整。主要包括根据自然条件和农艺要求进行作业前（中）的调整。能够熟练操作拖拉机及配套机具（或联合收割机、水稻插秧机、挖掘机、植保机械、重点推广的农机具等）进行作业。主要包括拖拉机运输、田间和固定作业要领和安全注意事项（或收割机收获作业或插秧机插秧作业等）。

（4）能够熟练进行农业机械磨合试运转。主要包括农业机械试运转目的、规范和试运转后的保养方法。掌握农机技术保养知识。主要包括技术保养的原则、分级、保养周期和项目与技术要求。

（5）掌握拖拉机及配套机具（或联合收割机、水稻插秧机、挖掘机、植保机械、重点推广的农机具等）燃油、液压等各系统（或部分）中喷油泵、喷油器等主要部件的结构和工作原理。包括通过主要部件的拆装，加深理解。能够熟练进行拖拉机及配套机具（或联合收割机、水稻插秧机、挖掘机、植保机械、重点推广的农机具等）的技术维护。主要包括技术维护的内容、方法步骤、注意事项、入库保管和简单的修理。

（6）掌握农机具故障分析原则和常用的检查方法。主要包括故障的表现形态与产生原因、故障分析原则和常用的检查方法。能够熟练进行拖拉机及配套机具（或联合收割机、水稻插秧机、挖掘机、植保机械、重点推广的农机具等）一般故障的诊断和排除。了解拖拉机及配套机具（或联合收割机、水稻插秧机、挖掘机、植保机械、重点推广的农机具等）零件鉴定与修理方法。

二、职业道德

（一）职业道德的含义

职业道德是指从事一定职业的人员在工作和劳动过程中所应

遵守的、与其职业活动紧密联系的道德规范和行为准则的总和。职业道德包括职业道德意识、职业道德守规、职业道德行为规范以及职业道德培养、职业道德品质等内容。

职业道德具有如下特点。

（1）在职业范围上，主要对从事该职业的从业人员起规范作用。

（2）在内容上，职业道德是社会道德在职业领域的具体反映。

（3）在适应范围上，职业道德具有有限性，在形式上具有多样性。

（4）从历史发展看，职业道德具有较强的稳定性和连续性。遵守职业道德可以规范人们的职业活动和行为，有利于推动社会主义物质文明和精神文明建设；从业人员遵守职业道德，有利于行业、企业的建设和发展；从业人员树立良好的职业道德，遵守职业守则，有利于个人品质的提高和事业的发展。

（二）基本职业道德

农业机械操作员在遵守社会公德、职业道德基本规范的同时，还应结合自身的工作特点，做好本职业的道德规范。

1. 爱岗敬业，乐于奉献

热爱自己的职业，全心全意为农民服务，为农业服务是农业机械操作员对职业价值的正确认识和对职业的真挚感情，也是社会主义道德原则在职业道德上的集中表现。正因为如此，在各行各业的职业道德规范要求里，都把爱岗敬业、乐于奉献作为一项根本内容。

2. 钻研业务，精益求精

社会主义职业道德不仅要求人们热爱本职工作，而且还要求在职人员努力掌握和精通本行业的专业和业务。特别是在当今世界新技术革命挑战面前，更要求人们刻苦钻研本职业务，对技术精益求精，这是做好本职工作的必备条件。农业机械操作员是技术性很强的职业，必须努力学习农业机械的构造及其使用、维护和操作技术，不断总结经验，提高工作水平。

3. 忠于职守，勤恳工作

忠于职守就是要忠诚地对待自己的职业、岗位工作；勤恳工作，就是要求每个人，不论从事什么职业，都要在自己的岗位上兢兢业业地工作，全心全意地做好工作，为社会主义现代化建设事业服务。农业机械操作员是为农业服务的工作，作业的及时性和技术的好坏关系着农作物的质量和品质。因此，忠于职守，勤恳工作对于农业机械操作员来说更为重要。

4. 关心集体，团结互助

任何一个行业的工作，都要靠全体成员的共同努力和行业间的互相支持。个人的努力是集体发展的基础。但只有把每个人的努力有机地结合在一起，才能完成集体的任务。行业内部的人与人之间、集体与集体之间以及行业与行业之间的团结、互助、谅解、支援是职业实践本身的需要，也是职业道德的重要内容。农业生产规模化越来越明显，农业机械操作员独立完成某项生产，非常困难。

5. 遵纪守法，维护信誉

作为国家的公民，人人都要维护社会的生产秩序、生活秩序和工作秩序，养成遵纪守法的好风尚。同时，又要自觉抵制腐朽思想的侵袭，不搞行业不正之风。农业机械操作员不但要遵守一般的法律、法规，还要遵守农业机械操作规程、农机安全监理规章，确保田间作业和道路运输的安全。

（三）违背职业道德的表现

1. 严重超载

根据交通运输管理规定的要求，机动车辆装载不准超过驾驶证上核定的载重量。但在现实生产中，有些农机操作员为了追求利润，超重、超高装载货物，不仅影响了车辆的使用寿命，损坏了路面，还因制动能力降低而造成安全隐患。

2. 违章超车

在道路行驶中，农机因行驶速度所限，超车条件不如其他机动车辆，但有些农机操作员不顾农机自身条件，强行超车，尤其在弯道，该慢不慢，该靠边避让时，不靠边避让，这种行为属于违章操作，容易引发恶性交通事故。提醒农机操作员一定要注意交通安全。

3. 酒后驾车

酒后不准驾驶机动车辆已列入刑法，但是有的农机操作员不以为然，借助酒劲开冒险车，开快车，乱超车，横冲直撞，不按规范操作农机具。有的农机操作员酒后故意戏弄其他车辆或行人。尤其是醉驾，操作容易失误，对自己不负责任，对他人和财产危害极大。

4. 开故障车

在生产实践中，因农机的使用条件极为复杂，车况千变万化，农机处于问题状态十分常见，如制动问题、保养不到位问题……作为农机操作员千万不能开"病"车上路，该检修的、该保养的，一定要按规范进行，决不可心存侥幸。

5. 人货混装

在城乡道路上，经常看到拉农资的拖拉机上搭载人，这是违反交通法规的行为，一旦发生交通事故，后果不堪设想。

6. 肇事逃逸

农机使用中，谁都不愿看到作业事故，但农机操作员因技术和疲劳等原因，难免出现过失行为，造成事故。事故发生后，农机操作员本应立即停车、保护好现场，抢救伤员或财产，迅速报告有关部门等候处理。但有些农机操作员不顾职业道德，开车逃

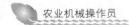

跑或弃车而去。这种行为触犯了机动车辆管理规定，是不可取的。

三、安全知识

（一）安全防护

1. 防止冷却水烫伤

安装一个防护套，方法是：取一个废驱动轮内胎，剪下200mm长，准备与水箱接触的部位剪成45°斜面。安装时，将水箱漏斗拆下，将这截内胎与水箱漏斗一并拧紧在水箱上，开口向前。这样，既使拖拉机突然翘头冷却水也不会立即倾下，同时，不影响水箱的散热功能。

2. 防止油料中毒

汽油和柴油对人体有毒害作用。汽油中的抗爆燃剂四乙基铅能通过呼吸道、消化道和皮肤侵入人体，强烈刺激神经系统，引起急性或慢性中毒。柴油蒸汽被呼吸道吸入肺部后，会引发肺炎，常和柴油蒸汽、机油接触，会产生接触性皮炎，如红斑、丘疹、水痘等。

防护措施：一是用汽油、柴油擦洗零件时，要借助钢丝刷或毛刷，尽量避免皮肤直接接触柴油或汽油。当汽油、柴油溅入眼内时，应立即用清水冲洗。二是禁止用嘴吸油管，特别是含铅汽油，加油时要用加油工具。三是有呼吸道、心血管、中枢神经系统疾病的农机操作员，最好避免接触汽油和柴油，以免加重病情。四是接触汽油、柴油的农机操作员在工作完毕后，要立即用温水、肥皂洗脸洗手，若发生柴油、机油接触性皮炎，可用10%的酚炉甘石洗剂外擦患处，每日1次，或用10%的氢化可的松软膏、氟轻松软膏涂擦，每日3次；若有糜烂渗液，可用3%硼酸溶液冷湿敷，每日3次，每次0.5h；若有感染，可外涂红霉素软膏，口服抗生素，用皮质激素药物进行治疗。

3. 防止配合剂中毒

农机抢修应急处理时，常用胶黏剂。胶黏剂中的配合剂易挥发、有毒性。配合剂主要是通过人的呼吸、皮肤接触和误食这三种途径进入人体的。其中最严重的是呼吸和皮肤接触，而误食的可能性比较少，也比较轻。当配合剂通过鼻腔进入人体到达肺部时，由于人肺叶毛细血管多，所以毒物不经肝脏的解毒作用就会直接进入血液，故对人体毒害较大。同样，当胶黏剂污染皮肤后，低分子毒物可以通过毛孔进入皮下，未经过肝脏解毒就会随血液分布全身，故对人体毒害也较大。

防护措施：一是操作场地面积一般应大于 18m。二是要保持场地通风、卫生和光线良好，把容器盖好，将剩余的配合剂及脏物及时处理。三是工作完成以后，要及时洗净手。四是在操作中要尽量避免直接接触胶黏剂，要戴防护手套和防护面具，最好的办法是在手上涂上食物油（戴手套不便于操作时）。

4. 农忙季节防眼伤

"三夏""三秋"农忙季节，农机操作员容易发生眼外伤（最常见的有角膜擦伤、溅伤等）。

防护措施：驾驶员要按照安全生产操作规程办事，佩戴劳动保护眼镜，在不影响操作视线的前提下，也可佩戴风镜。一旦异物入眼或发生角膜外伤时，切忌用衣襟或手使劲揉擦眼睛。临时应急措施是反复眨眼，让异物随泪水流出来，或用洁净水冲洗眼部；如有麦芒或异物嵌入了角膜，决不能用针挑除，应尽快到眼科医院诊治。

（二）安全操作

1. 安全使用要求

在使用农业机械之前，必须认真阅读柴油机和农业机械使用

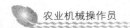

说明书，牢记正确的操作和作业方法。

充分理解警告标签，经常保持标签整洁，如有破损、遗失，必须重新订购并粘贴。

农业机械使用人员，必须经专门培训，取得驾驶操作证后，方可使用农业机械。

严禁身体感觉不适、疲劳、睡眠不足、酒后、孕妇、色盲、精神不正常及未满18岁的人员操作机械。在正常驾驶的情况下，驾驶员的反应时间为0.6~0.9秒，而酒后的反应时间为1.5~2.0秒，也就是说，酒后驾车十分危险。因此，严禁酒后驾驶操作。

驾驶员、农机操作者应穿着符合劳动保护要求的服装，禁止穿凉鞋、拖鞋，禁止穿宽松或袖口不能扣上的衣服，以免被旋转部件缠绕，造成伤害。

除驾驶员外严禁搭乘他人，座位必须固定牢靠。农机具上没有座位的严禁坐人。

在作业、检查和维修时不要让儿童靠近机器，以免造成危险。

不得擅自改装农业机械，以免造成机器性能降低、机器损坏或人身伤害。

不得随意调整液压系统安全阀的开启压力。

农业机械不得超载、超负荷使用，以免机件过载，造成损坏。

起步前查看周围情况，鸣号起步，拖拉机驾驶员必须养成起步前仔细查看周围情况，鸣号起步的良好习惯。

牵引架上不站人，挡泥板上不坐人。拖拉机行驶时，牵引架处和挡泥板摇晃得最厉害，既摆动，又颠簸，根本不能站稳，很容易跌落。

2. 安全行驶要求

不要在前、后、左、右超过10°的倾斜地面上行驶。

在坡地和倾斜地面上不能转弯。

农业机械在坡上起步时，不松开制动器，先踩下离合器踏板，挂入低挡再缓慢接合离合器，待开始传动后再放松制动器，同时，注意油门的配合控制。

农业机械出入机库，上下坡，过桥梁、城镇、村庄、涵洞、渡口、弯道及狭窄地段时，要低速行驶。事先了解桥梁的负荷限度、涵洞的高度及宽度、坡度的大小及渡船的限重等事项，确保安全后才能通过。

避免在沟、穴、堤坝等附近的较脆弱路面上行驶，农业机械的重量可能导致路面塌陷造成危险。

农业机械通过铁路时，事先要左右查看，确定无火车通行时再通过；农业机械行驶到铁路上要注意操作：① 不要抢道行驶。② 防止操作失误。③ 保持良好的技术状态，防止熄火。

在平滑路面上，操纵和制动力受到轮胎附着力的限制，在潮湿路面上，前轮会产生滑动，农业机械转向性能变差，应特别注意。

拖拉机通过村、镇街道时要减速、鸣号，并且要精力集中，注意观望。

夜间行驶时，须打开前照明灯，同时，须关闭其他作业指示灯。夜间行车应注意：① 遵守有关规定，夜间无灯光或灯光不全不出车。② 驶近交叉路口时，应减速，关闭远光灯，打开近光灯，转弯时要打开转向灯。

在农业机械行进过程中，司乘人员不得上下农业机械。

3. 农机具作业要求

农机具的负荷应与动力机械功率相匹配，不能使农业机械超负荷工作。

农业机械田间作业前，驾驶员应先了解作业区的地形、土质和田块大小，查明填平不用的肥料坑、老河道、水池、水沟等并

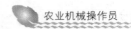

做好标记，以防农业机械陷车。

农业机械作业时，操作人员不得离开机车，严禁其他人员靠近，女性操作人员工作时应戴安全帽。

当动力机械倒车与农机具挂接时，动力机械和农机具之间严禁站人。

农机具与动力机械动力输出轴连接时，应在传动轴处加防护罩。

当动力输出轴转动时，农业机械不能急转弯，也不可将农机具提升过高。

在犁、旋、耙、耕等作业中，对动力连接部位、传动装置、防护设施等应随时进行安全检查。

动力机械配带悬挂农机具进行长距离行驶时，应使用锁紧手柄将农机具锁住，防止行驶中分配器的操纵手柄被碰动，导致农机具突然降落造成事故。

4. 运输作业要求

非气刹机型严禁拖带挂车。

挂车必须有独立的符合国家质量和安全要求的制动系统，否则不能拖挂。

农业机械和挂车的制动系统必须灵活可靠，不能偏刹车。

牵引重载挂车必须采用牵引钩，而不能用悬挂杆件，否则，农业机械会有颠覆的危险。

出车前应对农业机械及挂车的技术状态进行严格的检查，特别要检查制动装置是否有异常现象，气压表读数是否达到 0.7 兆帕，如果发现问题必须妥善处理后方可行车。

农业机械起步时要用低挡，注意挂车前后之间是否有人、道路上有无障碍物，并给出起步信号。

进行减速时，制动器不能踩得过猛。

农业机械转弯时，要特别注意挂车能否安全通过，不要高速急转弯。

农业机械上下坡要特别注意安全，不准空挡滑行或柴油机熄火滑行，要根据道路状况选择安全行驶速度，尽量避免坡道中途换挡。拖带挂车下坡时，可用间歇制动控制农业机械和挂车车速，否则容易失去控制，农业机械在挂车的顶推下造成翻车事故。

严格遵守装载规定，大型拖拉机拖车载物，长度要求：前部不准超出车厢，后部不准超出车厢 1m；左右宽度不准超出车厢 20cm。小型拖拉机拖车载物，长度要求：前部不准超出车厢，后部不准超出车厢 50cm，左右宽度不准超出车厢板 20cm，高度从地面算起不准超过 2m。

农业机械驾驶人员应严格遵守各项交通法规、条例。

（三）新手上路

1. 不要长时间踏离合器

新驾驶员开车时左脚老踩在离合器踏板上，久而久之成了习惯，这种不规范动作，在快速行驶中遇上特殊情况紧急制动时，左脚自然而然地踏下离合器，车辆失去了发动机的牵阻作用，惯性使车速更快，紧急制动时很容易引发事故。

2. 制动失灵不要惊慌失措

新机手在上坡路段在机车熄火而手刹又失灵时切记不要惊慌失措。首先将变速器处于低速挡位，下车后用三角木或石块塞住后轮，再发动机车起步前进。如没有三角木或石块时，右脚踩住刹车，左脚踏下离合器，变速器处在I挡，启动时，右脚横置，脚跟仍踩住刹车，用脚尖去踩踏油门，左脚配合缓缓松开离合器。当机车已有起步感时再缓缓松开右脚刹车，就可平稳上坡了。

3. 不要先离后刹

所谓"先刹后离"，就是要先踩刹车，待车速降低后再踩离合器，换入适当的挡位。而新机手常用"先离后刹"，即先踩离

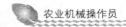

合后踩刹车。因高速时踩离合器，离合器片磨损加快，如果习惯这样开车，离合器的寿命大概只有正常情况的 1/4 或是 1/5。

4. 倒车注意安全

如果用后视镜倒车，应熟悉后视镜显示的景物与实际物体的差距；在倒车时一定要控制车速，如果倒车环境乱，最好请其他人在车侧指挥。需要注意的是从坡上向下倒车时，有些驾驶员使用空挡倒车，这样做速度不容易控制；特别是在滑溜的坡路，踩制动或离合器踏板时都会造成车体的侧滑或失控。此时，比较稳妥的办法是挂入倒挡，松开手刹，利用发动机的牵阻作用平稳地倒车才能稳妥安全。

四、政策知识

（一）驾驶员年审政策

农机安全监理机关每年对拖拉机驾驶员进行一次审验活动，称为驾驶员的年度审验，简称年审。年审是驾驶员管理工作中的一项主要内容，通过对驾驶员的安全教育，达到增强安全意识，整顿驾驶员队伍，提高其业务素质的目的。

1. 年审的内容

（1）进行年审工作总结（内容包括安全驾驶、遵纪守法、事故教训等情况），由所在单位或乡农机管理部门作出鉴定，交上级农机安全管理机关审核。

（2）检查驾驶员的身体情况，看身体条件有无变化，能否继续从事拖拉机的驾驶。

（3）审检驾驶证有无涂改、伪造、损坏现象，照片与本人近貌是否相符，有无未经处理的违章、肇事案件。

（4）审查安全驾驶、驾驶作风、职业道德等情况。

（5）根据实际情况对部分或全部驾驶员进行必要的理论和实际操作考核。

（6）审查参加安全日活动情况。按规定，驾驶员自获证之日起，必须参加由乡（镇）农机管理部门组织的安全日活动．接受安全教育，进行技术、理论学习。每次学习结束，在安全员《驾驶员安全活动卡》上签注学习日期、内容并签字。若经常不参加安全日活动，超过一定次数则不予年审。

2. 年度审验的对象

（1）驾驶员自获证之日起，必须按规定参加年审。

（2）实习驾驶员只参加年审活动，不办理审验手续。

（3）当年核发驾驶证的人员参加年审活动，在审验栏内办免审签证手续。

（4）受扣证处分期限未满者，违章、肇事未结案的，不予审验，待处分期满或结案后办理补审。

3. 年度审验方法

（1）驾驶员年审。先由农机监理机关将审验时间、地点、内容及具体要求通知驾驶员所在单位和个人。

（2）驾驶员应根据通知精神，先作自我鉴定，然后由所在单位或农机管理部门对驾驶员作出一年的技术方面的鉴定。

（3）驾驶员按审验内容要求，逐项填写《驾驶员年度审验鉴定表》，交农机监理机关，农机监理机关审验合格后，在驾驶证和年审表上分别签注"年审合格"字样，并加盖公章，即为年审合格。

（4）年审不合格者，不得继续驾驶车辆，直至补审合格。

（5）驾驶员因故不能按期参加年度审验的，应事先向农机监理部门申请延期审验，填写《驾驶员延期审验表》。经批准，可在规定的期限内补审。审验延期最长不得超过3个月，无故不参加年审或超过延期时间1年以上者，注销驾驶证。

（二）农机管理政策

1. 农机报户及检验

申请农业机械申报户，领取号牌和行驶证，须持居民身份证、农业机械来历凭证，到当地农机监理机构申请初次检验。检验合格的，由农机监理机构核发号牌和行驶证。

凡领有号牌和行驶证的农业机械，须按农机监理机构的规定参加年度检验。年度检验项目：① 号牌、行驶证有无损坏、涂改。② 行驶证各项记载与农业机械是否相符。③ 农业机械与主要配套农具的安全技术状态。年度检验合格，农机监理机构在行驶证内签注和盖章，并发给合格证。

农业机械启封复驶或根据农时季节安全生产需要，农机监理机构对农业机械及其主要配套农具进行临时检验。

年度检验和临时检验不合格的，限期修复，重新进行检验。

2. 牌证

行驶证编号须与农业机械号牌编号相同。

号牌一副两块，号牌悬挂在农业机械前、后端规定位置。农业机械拖带挂车时，一块悬挂在农业机械前端规定的位置；另一块悬挂在挂车尾部规定的位置。挂车后栏板外侧要喷刷与号牌编号相同的放大字号。

农业机械号牌、行驶证遗失或损坏，应及时到农机监理机构申请补换。号牌、行驶证未补换前，发给临时号牌或待办凭证。

3. 异地登记

领有号牌、行驶证的农业机械转籍、过户、变更时，须按规定到农机监理机构办理异动手续。

转籍：① 农业机械转出本辖区时，须到农机监理机构办理转籍手续。农机监理机构收回原号牌，发给临时号牌，填写转出证明，并在行驶证上签注转出事项，加盖农机监理机构印章。

② 农业机械转到其他辖区后，持转出证明向当地农机监理机构办理转入手续。农机监理机构审核后，收回原行驶证，发给新号牌和行驶证，并将回执寄给原籍农机监理机构。

过户农业机械在本辖区内所有权改变时，凭行驶证及其他有效证件，到农机监理机构办理过户手续。农机监理机构在行驶证和检验表的异动栏内签注盖章。

变更农业机械所属单位名称、住址、初次检验项目有变动时，须持行驶证和其他有效证明到农机监理机构办理手续。农机监理机构在行驶证和检验表异地栏内变更内容并盖章。

农业机械封存、报废，均应到农机监理机构办理手续，交回行驶证和号牌。

（三）农机购置补贴政策

农机购置补贴，又称农机具购置补贴，是指国家对农民个人、农场职工、农机专业户和直接从事农业生产的农机作业服务组织，购置和更新农业生产所需的农机具给予的补贴，目的是促进提高农业机械化水平和农业生产效率。

1. 农机购置补贴标准

不同地方有不同的标准。国家在购机补贴方面投入的资金有两个来源，一个是中央的资金，就是中央财政的投入；另一个是地方的资金，就是省、地（市）和县、乡（镇）各级政府的财政投入。

中央财政资金补贴标准按"不超过机具价格的30%进行补贴""单机补贴额不超过3万元"。1户农民或1个农机服务组织年度内享受补贴的购机数量原则上不超过1套（共计4台，即1台主机和与其匹配的3台作业机具），具备一定规模的农机服务组织年度内享受补贴的购机数量原则上不超过2套（8台）。

虽然中央资金规定"单机补贴额不超过3万元"，但考虑到许多大型新式农机价格较贵、农民的购买力有限，财政部和农业部的文件中也允许地方根据各自的实际情况，对重点推广的机具，在使用中央财政补贴资金的基础上，可以利用地方财政资金给予累加补贴。地方财政投入资金的补贴标准，由各地自行确定，农民朋友可以到当地农机管理机关或当地乡（镇）人民政府查询。

机具补贴标准和销售价格在各省的补贴产品目录中已经明确，补贴标准在一定时期内（一般为1年）不变。至于销售价格，厂家可以下调，但不能上涨。

2. 农机购置补贴程序

（1）提出申请。购机补贴实施区内的农民购买补贴机具时，必须通过乡（镇）农机管理机构或乡（镇）人民政府向县级农机主管部门提出申请。申请要注意以下两点。

第一，认真填写县级农机部门发放的"购机申请表"，填表要量力而行，买什么、买多少，想好了再填。

第二，要尽可能早地向乡级农机管理站提交填好的"购机申请表"。

（2）审查公示。农民的购机补贴申请表提交后，一般先由乡级的农机管理站进行初审，再由县农机管理部门根据补贴指标和优先补贴条件进行审查，初步确定补贴购机者名单和补贴数量。然后在一定范围内张榜公示，接受群众监督。公示结束后，对没有异议的购机户，县农机主管部门与购机者签订购机补贴协议。

（3）签订合同。公示无异议后，县农机主管部门与购机者签订购机补贴协议（协议中只确定购机品种和对应的补贴额，不定具体品牌），协议有效期一般为7天，购机者应注意不要超过有效期限。

（4）购买机具。目前，农民向供货企业购机有两种方式：

一种是农民自己直接购机，在离供货厂家较近，或当地有代销点的地方，采用这种形式较多；另一种是离供货厂家较远，或当地没有代销点的地方，县级农机管理部门应根据购机者的需求，提供相应的组织协调服务工作（如组织农民统一订货，统一送货）。上述两种方法各有优点，国家没有统一规定，按照方便购机户原则，由各省农机主管部门与供货企业协商确定。

购机者凭购机补贴协议，在有效期内到补贴机具经销点，按扣除补贴额后的机具差价款交款选购机具，补贴机具经销点按目录售机，出具购机发票（全价发票，发票须注明购机者姓名、所购机具名称和型号、发动机与机架号码等信息），并将发票原件交购机者，复印件（一式二份）一份交县级农机主管部门，一份留存，与补贴协议一并保存以便定期结算补贴资金。

五、法律常识

（一）中华人民共和国农业机械化促进法

为了鼓励、扶持农民和农业生产经营组织使用先进适用的农业机械，促进农业机械化，建设现代农业，《中华人民共和国农业机械化促进法》自 2004 年 11 月 1 日施行。

本法分总则、科研开发、质量保障、推广使用、社会化服务、扶持措施、法律责任、附则，8 章 35 条。其中部分条款摘抄如下，供参考。

第二条　本法所称农业机械化，是指运用先进适用的农业机械装备农业，改善农业生产经营条件，不断提高农业的生产技术水平和经济效益、生态效益的过程。

本法所称农业机械，是指用于农业生产及其产品初加工等相关农事活动的机械、设备。

第十七条　县级以上人民政府可以根据实际情况，在不同的农业区域建立农业机械化示范基地，并鼓励农业机械生产者、经营者等建立农业机械示范点，引导农民和农业生产经营组织使用先进适用的农业机械。

第十九条　国家鼓励和支持农民合作使用农业机械，提高农业机械利用率和作业效率，降低作业成本。

国家支持和保护农民在坚持家庭承包经营的基础上，自愿组织区域化、标准化种植，提高农业机械的作业水平。任何单位和个人不得以区域化、标准化种植为借口，侵犯农民的土地承包经营权。

第二十条　国务院农业行政主管部门和县级以上地方人民政府主管农业机械化工作的部门，应当按照安全生产、预防为主的方针，加强对农业机械安全使用的宣传、教育和管理。

农业机械使用者作业时，应当按照安全操作规程操作农业机械，在有危险的部位和作业现场设置防护装置或者警示标志。

第二十一条　农民、农业机械作业组织可以按照双方自愿、平等协商的原则，为本地或者外地的农民和农业生产经营组织提供各项有偿农业机械作业服务。有偿农业机械作业应当符合国家或者地方规定的农业机械作业质量标准。

国家鼓励跨行政区域开展农业机械作业服务。各级人民政府及其有关部门应当支持农业机械跨行政区域作业，维护作业秩序，提供便利和服务，并依法实施安全监督管理。

第二十二条　各级人民政府应当采取措施，鼓励和扶持发展多种形式的农业机械服务组织，推进农业机械化信息网络建设，完善农业机械化服务体系。农业机械服务组织应当根据农民、农业生产经营组织的需求，提供农业机械示范推广、实用技术培训、维修、信息、中介等社会化服务。

第二十四条 从事农业机械维修，应当具备与维修业务相适应的仪器、设备和具有农业机械维修职业技能的技术人员，保证维修质量。维修质量不合格的，维修者应当免费重新修理；造成人身伤害或者财产损失的，维修者应当依法承担赔偿责任。

第二十五条 农业机械生产者、经营者、维修者可以依照法律、行政法规的规定，自愿成立行业协会，实行行业自律，为会员提供服务，维护会员的合法权益。

第三十一条 农业机械驾驶、操作人员违反国家规定的安全操作规程，违章作业的，责令改正，依照有关法律、行政法规的规定予以处罚；构成犯罪的，依法追究刑事责任。

（二）农业机械安全监督管理条例

为了加强农业机械安全监督管理，预防和减少农业机械事故，保障人民生命和财产安全，制定了《农业机械安全监督管理条例》，自 2009 年 11 月 1 日施行。2016 年 2 月 6 日，对该条例进行了个别修改。

本法分为总则、销售维修、使用操作、事故处理、服务监督、法律责任 6 章 60 条。其中部分条款摘抄如下，供参考。

第二十条 农业机械操作人员可以参加农业机械操作人员的技能培训，可以向有关农业机械化主管部门、人力资源和社会保障部门申请职业技能鉴定，获取相应等级的国家职业资格证书。

第二十一条 拖拉机、联合收割机投入使用前，其所有人应当按照国务院农业机械化主管部门的规定，持本人身份证明和机具来源证明，向所在地县级人民政府农业机械化主管部门申请登记。拖拉机、联合收割机经安全检验合格的，农业机械化主管部门应当在 2 个工作日内予以登记并核发相应的证书和牌照。

拖拉机、联合收割机使用期间登记事项发生变更的，其所有人应当按照国务院农业机械化主管部门的规定申请变更登记。

第二十二条 拖拉机、联合收割机操作人员经过培训后，应当按照国务院农业机械化主管部门的规定，参加县级人民政府农业机械化主管部门组织的考试。考试合格的，农业机械化主管部门应当在 2 个工作日内核发相应的操作证件。

拖拉机、联合收割机操作证件有效期为 6 年；有效期满，拖拉机、联合收割机操作人员可以向原发证机关申请续展。未满 18 周岁不得操作拖拉机、联合收割机。操作人员年满 70 周岁的，县级人民政府农业机械化主管部门应当注销其操作证件。

第二十三条 拖拉机、联合收割机应当悬挂牌照。拖拉机上道路行驶，联合收割机因转场作业、维修、安全检验等需要转移的，其操作人员应当携带操作证件。

拖拉机、联合收割机操作人员不得有下列行为。

（1）操作与本人操作证件规定不相符的拖拉机、联合收割机；

（2）操作未按照规定登记、检验或者检验不合格、安全设施不全、机件失效的拖拉机、联合收割机；

（3）使用国家管制的精神药品、麻醉品后操作拖拉机、联合收割机；

（4）患有妨碍安全操作的疾病操作拖拉机、联合收割机；

（5）国务院农业机械化主管部门规定的其他禁止行为。

禁止使用拖拉机、联合收割机违反规定载人。

第二十四条 农业机械操作人员作业前，应当对农业机械进行安全查验；作业时，应当遵守国务院农业机械化主管部门和省、自治区、直辖市人民政府农业机械化主管部门制定的安全操作规程。

（三）联合收割机跨区作业管理办法

为了加强联合收割机跨区作业管理，规范跨区作业市场秩序，维护参与跨区作业各方的合法权益，保证农作物适时收获，促进农民增收和农业现代化建设，根据《中华人民共和国农业法》等有关法律法规，制定《联合收割机跨区作业管理办法》，自 2003 年 9 月 1 日施行。从事跨区作业的联合收割机驾驶员、辅助作业人员以及与跨区作业活动有关的单位和个人，应当遵守该办法。

本法分总则、中介服务组织、跨区作业管理、跨区作业服务、奖励与处罚、附则 6 章 36 条。其中部分条款摘抄如下，供参考。

第十二条　从事跨区作业的联合收割机，应由机主向当地县级以上农机管理部门申领《联合收割机跨区收获作业证》（以下简称《作业证》）。《作业证》实行免费发放，逐级向农业部登记备案。

第十三条　申领《作业证》的联合收割机应当具备以下条件：

（1）具有农机监理机构核发的有效号牌和行驶证；

（2）参加跨区作业队；

（3）省级农机管理部门规定的其他条件。

不得对没有参加跨区作业队的联合收割机发放《作业证》，不得跨行政区域发放《作业证》。

第十四条　《作业证》由农业部统一制作，全国范围内使用，当年有效。《作业证》应随机携带，一机一证，严禁涂改、转借、伪造和倒卖。

第十五条　严禁没有明确作业地点、没有《作业证》的联合收割机盲目流动，扰乱跨区作业秩序。

第十六条 联合收割机驾驶员应熟练掌握联合收割机操作技能，熟悉基本农艺要求和作业质量标准，持有农机监理机构核发的有效驾驶证件。

第十七条 联合收割机驾驶员必须按照国家及地方有关农机作业质量标准或当事人双方约定的标准进行作业。

当事人双方对作业质量存在异议时，可申请作业地的县级以上农机管理部门协调解决。

第十八条 联合收割机及驾驶员、辅助作业人员应严格按照《联合收割机及驾驶员安全监理规定》的要求进行作业，防止农机事故发生，做到安全生产。跨区作业期间发生农机事故的，应当及时向当地农机管理部门报告，并接受调查和处理。

第十九条 任何单位和个人不得非法上路拦截过境的联合收割机，诱骗、强迫驾驶员进行收割作业。

第二十条 跨区作业队在公路上长距离转移时，要统一编队，合理安排路线，注意交通安全，遵守道路交通管理法规，服从交警指挥，自觉维护交通秩序。

第二十一条 各级农机管理部门应当建立安全生产检查制度，加强安全生产宣传教育，纠正和处理违章作业，维护正常的跨区作业秩序。

第二十二条 县级农机管理部门应根据农时季节在本县范围内设立跨区作业接待服务站，公布联系方式和工作规范，掌握进入本辖区联合收割机的数量和作业任务，做好有关接待和服务工作，保障外来跨区作业队的安全和合法权益。

第二十三条 各级农机管理部门负责组织协调有关单位做好联合收割机的维修和零配件、油料的供应工作，严禁假冒伪劣的农机零配件和油料进入市场。

第二十四条 各级农机管理部门应当建立跨区作业信息服务网络，建立跨区作业信息搜集、整理和发布制度，及时向农民、驾驶员和跨区作业中介服务组织等提供真实、有效的信息。

第二十五条 县级农机管理部门负责对本辖区内的跨区作业信息进行调查和统计，逐级报农业部。

跨区作业信息包括农作物种植面积、收获时间、计划外出（引进）联合收割机数量、作业参考价格、农作物收获进度、农机管理部门的服务电话等内容。

第二十六条 全国跨区作业信息由农业部在中国农业机械化信息网和有关新闻媒体上发布。地方跨区作业信息由当地农机管理部门负责发布。

第二十七条 各级农机管理部门应当设立跨区作业服务热线电话，确定专人负责，接受农民、驾驶员的信息咨询和投诉。

（四）中华人民共和国道路交通安全法

《中华人民共和国道路交通安全法》是2003年10月28日公布的关于道路交通安全的法律，自2004年5月1日起施行，并于2007年与2011年2次修订。

本法分总则、车辆和驾驶人、道路通行条件、道路通行规定、交通事故处理、执法监督、法律责任、附则8章124条。其中，部分条款摘抄如下，供参考。

第二条 中华人民共和国境内的车辆驾驶人、行人、乘车人以及与道路交通活动有关的单位和个人，都应当遵守本法。

第八条 国家对机动车实行登记制度。机动车经公安机关交通管理部门登记后，方可上道路行驶。尚未登记的机动车，需要临时上道路行驶的，应当取得临时通行牌证。

第九条 申请机动车登记，应当提交以下证明、凭证。

（1）机动车所有人的身份证明；

（2）机动车来历证明；

（3）机动车整车出厂合格证明或者进口机动车进口凭证；

（4）车辆购置税的完税证明或者免税凭证；

（5）法律、行政法规规定应当在机动车登记时提交的其他证明、凭证。

公安机关交通管理部门应当自受理申请之日起五个工作日内完成机动车登记审查工作，对符合前款规定条件的，应当发放机动车登记证书、号牌和行驶证；对不符合前款规定条件的，应当向申请人说明不予登记的理由。

公安机关交通管理部门以外的任何单位或者个人不得发放机动车号牌或者要求机动车悬挂其他号牌，本法另有规定的除外。

机动车登记证书、号牌、行驶证的式样由国务院公安部门规定并监制。

第十条 准予登记的机动车应当符合机动车国家安全技术标准。申请机动车登记时，应当接受对该机动车的安全技术检验。但是，经国家机动车产品主管部门依据机动车国家安全技术标准认定的企业生产的机动车型，该车型的新车在出厂时经检验符合机动车国家安全技术标准，获得检验合格证的，免予安全技术检验。

第十一条 驾驶机动车上道路行驶，应当悬挂机动车号牌，放置检验合格标志、保险标志，并随车携带机动车行驶证。

机动车号牌应当按照规定悬挂并保持清晰、完整，不得故意遮挡、污损。

任何单位和个人不得收缴、扣留机动车号牌。

第十二条 有下列情形之一的，应当办理相应的登记：

（1）机动车所有权发生转移的；

（2）机动车登记内容变更的；

（3）机动车用作抵押的；

（4）机动车报废的。

第十三条 对登记后上道路行驶的机动车，应当依照法律、行政法规的规定，根据车辆用途、载客载货数量、使用年限等不同情况，定期进行安全技术检验。对提供机动车行驶证和机动车第三者责任强制保险单的，机动车安全技术检验机构应当予以检验，任何单位不得附加其他条件。对符合机动车国家安全技术标准的，公安机关交通管理部门应当发给检验合格标志。

对机动车的安全技术检验实行社会化。具体办法由国务院规定。

机动车安全技术检验实行社会化的地方，任何单位不得要求机动车到指定的场所进行检验。

公安机关交通管理部门、机动车安全技术检验机构不得要求机动车到指定的场所进行维修、保养。

机动车安全技术检验机构对机动车检验收取费用，应当严格执行国务院价格主管部门核定的收费标准。

第十六条 任何单位或者个人不得有下列行为：

（1）拼装机动车或者擅自改变机动车已登记的结构、构造或者特征；

（2）改变机动车型号、发动机号、车架号或者车辆识别代号；

（3）伪造、变造或者使用伪造、变造的机动车登记证书、号牌、行驶证、检验合格标志、保险标志；

（4）使用其他机动车的登记证书、号牌、行驶证、检验合格标志、保险标志。

第二十条 机动车的驾驶培训实行社会化，由交通主管部门对驾驶培训学校、驾驶培训班实行资格管理，其中专门的拖拉机驾驶培训学校、驾驶培训班由农业（农业机械）主管部门实行资格管理。

驾驶培训学校、驾驶培训班应当严格按照国家有关规定，对学员进行道路交通安全法律、法规、驾驶技能的培训，确保培训

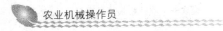

质量。

任何国家机关以及驾驶培训和考试主管部门不得举办或者参与举办驾驶培训学校、驾驶培训班。

第二十一条 驾驶人驾驶机动车上道路行驶前，应当对机动车的安全技术性能进行认真检查；不得驾驶安全设施不全或者机件不符合技术标准等具有安全隐患的机动车。

模块二 农业机械常用油料选用

一、柴油的选用

(一) 柴油的牌号

柴油是压燃式发动机（即柴油发动机）的燃料，可分为轻柴油与重柴油两种。轻柴油用于 1 000r/min 及以上的高速柴油机，重柴油用于 1 000r/min 以下的中低速柴油机。一般加油站所销售的柴油均为轻柴油。

柴油的牌号是按照凝点来划分的，有 10 号、0 号、-10 号、-20 号、-35 号、-50 号 6 种牌号。凝点就是指油料开始失去流动性时的温度，例如，0 号柴油，表示在 0℃ 时该柴油便丧失了流动性，因此，不能在该温度的气候条件下工作，以免柴油不能流动而无法供给气缸燃油。从 10 号轻柴油到 -50 号轻柴油，其凝点越来越低，分别在气温不同的各个地区和季节使用。

(二) 柴油的选用

选用轻柴油时，主要是根据车辆使用时的环境温度，使柴油的凝点比当月最低环境温度低 4~6℃，以保证在最低气温下不凝固。如按使用地区区分，各牌号轻柴油使用地区范围大致如下：

（1）10 号柴油适用于有预热设备的高速柴油机。

（2）0 号轻柴油一般适于全国各地区 4—9 月使用，长江以南地区冬季也可使用。

（3）-10号轻柴油适用于长城以南地区冬季和长江以南地区严冬使用。

（4）-20号轻柴油适用于长城以北地区冬季和长城以南、黄河以北地区严冬使用。

（5）-35号轻柴油适于东北、华北、西北寒区严冬使用。

（6）-50号轻柴油适用于东北、华北、西北严寒区冬季使用。

（7）-35号、-50号轻柴油因生产的资源有限，成本高，价格贵，如在夏季或南方使用，不仅造成浪费，还因含有轻质成分，对防火安全不利。

（三）柴油使用的注意事项

1. 柴油应随用随买

合格品轻柴油中，含有较多的不饱和烃，而不饱和烃容易与外界空气发生氧化反应，生成胶质，使柴油的品质变坏，故一般不要一次购买过多的柴油，应随用随买。

2. 柴油应洁净

因为柴油机的燃油系比较精密，尤其是三大精密偶件（柱塞偶件、出油阀偶件和喷油器针阀偶件）。其配合间隙只有 $0.0015 \sim 0.00255$ mm。柴油中一旦混入机械杂质，就会使精密偶件急剧磨损，甚至几十小时就报废（虽然在燃油系中有滤清器对柴油进行净化，但由于滤芯容纳杂质的数量有限，而且，一般滤芯只能滤去 $0.04 \sim 0.09$ mm 的杂质，小于 0.04 mm 的杂质仍会进入三大精密偶件）。另外，不洁净的柴油还会引起滤芯堵塞、柱塞副卡死等严重故障，使柴油机无法工作。除机械杂质外，水分和胶质对柴油机的影响也不能忽视。柴油本身就含有一定量的胶质，它在柴油的贮运保管过程中，还会催化产生新的胶质。

这些胶质悬浮在柴油中，会堵塞滤芯，且容易在燃烧室中形成积炭；而柴油中的水分在温度低于0℃时就会结冰，影响柴油的流动性。所以，为了使柴油保持高度洁净，不影响柴油机的正常工作，在柴油的贮运和添加过程中还要注意下列问题。

（1）盛油用的容器和加油工具一定要保持洁净。

（2）贮油容器一定要带盖，防止灰尘和水分进入油中。

（3）柴油在加入油箱前，应静置沉淀约48h，使柴油中的悬浮杂质沉淀下去，然后取上面的柴油加入油箱。

（4）加油时，最好采用闭式过滤加油方式（如加油站的加油枪）。如无条件，也可采用绸布过滤和漏斗加油，并要防止泼洒损失。另外，不要在雨雪天或风沙大的情况下加油，以防尘土或水分进入油箱。

（5）柴油是易燃品，故在贮存和使用中应注意防火。

二、汽油的选用

（一）汽油的牌号

汽油是点燃式发动机（即汽油发动机）的燃料，其牌号是按辛烷值的高低来命名的，常用有90号、93号、97号。汽油牌号越高，表明其辛烷值越高，也就是汽油的抗爆燃能力越强。爆燃是汽油发动机的一种不正常燃烧，会导致发动机振动大、噪声高、机械零件磨损加剧等现象发生。因此，在使用中要避免汽油机产生爆燃。

（二）汽油的选用

用户在选择汽油的牌号时，应参考使用说明书的要求。这个牌号是发动机生产厂家根据发动机的结构与压缩比的情况，保证

在正常使用时发动机不发生爆燃而确定的，因此，不能随意更换不同的牌号。

（三）汽油使用的注意事项

（1）发动机长期使用后，由于燃烧室积炭，水套积垢等原因，使压缩比变大，爆燃倾向增加，此时应及时维护发动机，彻底清除水垢和进排气门、燃烧室内的积炭。若压缩比变大，则应选用牌号高的汽油，或者把点火提前角适当推迟，以免发生爆燃。

（2）低压缩比的发动机若选用高牌号的汽油，虽能避免发动机爆燃，但会改变点火时间，导致发动机的气缸积炭增加，长期使用则会减少发动机的使用寿命，也不经济。牌号高的汽油比牌号低的价格高。因此，在保证不发生爆燃的前提下，应尽量选用牌号低的汽油。

（3）汽油中不能掺入煤油或柴油。

（4）在炎热夏季或高原地区，由于气温高、气压低，容易导致汽油蒸发而在油管路中产生气阻，应加强发动机的散热，使汽油泵、汽油管隔热，并增强油泵泵油压力或装用晶体管油泵。

（5）装有汽油机的车辆由平原驶入高原地区后，可将点火提前角提前或换用较低辛烷值牌号的汽油。反之，当汽车从高原驶入平原，应及时将点火提前角推迟或换用高牌号的汽油，以防止爆燃。

（6）桶装汽油不要装满，要留出7%的空间，并放置在阴凉处，避免日光照射，不能用塑料桶装，以免因汽油蒸发而爆炸。

三、润滑油的选用

润滑油按用途可分为汽油发动机润滑油（简称汽油机油）

和柴油发动机润滑油（简称柴油机油），还有既适用于汽油发动机又适用于柴油发动机的润滑油，称之为通用机油。

（一）润滑油的分类

润滑油的质量等级，在国内外广泛采用美国汽车工程师学会（SAE）的黏度分类法和美国石油学会（API）的使用条件分类法。

1. 黏度分类法

采用 SAE 的黏度分类法，将发动机润滑油黏度等级分为低温用油、高温用油和多级机油三类，即：

低温用油：0W、5W、10W、15W、20W、25W。

高温用油：20、30、40、50、60。

多级机油：5W/30、10W/40、15W/40、20W/40、20W/20 等。

其中，数字表示黏度等级，数值越大，表示黏度越高；字母 W 表示冬季机油品种，无 W 为夏季用油。牌号中的数字越小，表明该机油的黏度越小，适用的环境温度越低。

多级机油是用低黏度的基础油加入稠化剂制成的，可以全天候使用。例如，5W/30，在夏季、冬季都能用，在冬天时，它的黏度不超过冬用 5W 的黏度值，在夏季时与高温用油 30 的黏度值相同，是一种多级机油。选用合适的多级油后，冬夏可不用换油。

根据黏度分类，发动机的润滑油可分为单级油和多级油两种。单级油只能在某个温度范围内使用。机油黏度等级与使用温度的关系，见表 2-2。

2. 使用条件分类法

根据机油的性能和使用场合，API 将机油分为汽油机系列与柴油机系列。每个级别用两个字母表示：第一个字母表示适用的发动机类型,汽油机用"S",柴油机用"C";第二个字母表示质量等级。如四行程汽油机油的等级有 SC、SD、SE、SF、SG、SH、SJ,两行程汽油机油有 RA、RB、RC、RD 等级,柴油机油有 CC、CD、CD-Ⅱ、CE、CF、CG、CH 等级。

(二) 汽油机油的选用

1. 四冲程汽油机油的选用

四冲程汽油机油品种的应用范围和黏度牌号,如表 2-1 所示。

表 2-1　四冲程汽油机油 (S 系列) 的牌号应用

品种	适用范围	黏度牌号和应用
SC	适用于中等负荷、压缩比 6.0~7.0 条件下使用的载货汽车、客车的汽油机或其他油机	有 5W/20、5W/30、10W/30、15W/40、20W/40、20W/20、30 和 40 等牌号
SD	适用于高负荷、压缩比 7.0~8.0 条件下使用后的载货汽车、客车和某些普通轿车的汽油机	有 10W、5W/30、10W/30、10W/40、15W/40、20W/40、20W/20、30 和 40 等牌号
SE	适用于压缩比 8.0 以上苛刻条件下使用的轿车和某些载货车的汽油机	有 5W/30、10W/30、15W/40、20W/20、30 和 40 等牌号
SF	用于更苛刻条件下使用的轿车和某些载货汽车的汽油机	有 5W/30、10W/30、15W/40、20W/20、30 和 40 等牌号。适用于 20 世纪 80 年代开发的发动机,如奥迪 100、切诺基、标致、桑塔纳、捷达、富康等
SG	用于轿车和某些载货汽车的汽油机以及要求使用 APISG 级油的汽油机	用于电喷发动机,如丰田、奔驰、桑塔纳 2000、富康 AG 等

（续表）

品种	适用范围	黏度牌号和应用
SH	用于轿车和轻型货车的汽油机以及要求使用 APISH 级油的汽油机	SH 级油的质量优于 SG 级油，并可代替 SG，用于红旗 CA7180E、CA720DE、CA7220 型轿车、奥迪轿车的发动机上
SJ	用于高级轿车的汽油机以及要求使用 APISJ 级油的汽油机	适用于劳斯莱斯、凯迪拉克、奔驰、宝马、沃尔沃、林肯、雷克萨斯、别克、克莱斯勒、雷诺、福特、红旗、奥迪等进口及国产高级轿车

2. 二冲程汽油机油的选用

二冲程汽油机油的品种和应用，如表 2-2 所示。

表 2-2　四冲程汽油机油（R 系列）的牌号应用

品种	适用范围	性能
BA 级	用于缓和条件下工作的小型风冷二冲程汽油机	具有防止发动机高温堵塞和活塞磨损的性能
RB 级	用于缓和至中等条件下工作的小型风冷二冲程汽油机	具有防止发动机高温堵塞和由燃烧室沉积物引起提前点火的性能
RC 级	用于苛刻条件下工作的小型风冷二冲程汽油机	具有防止活塞环黏结和由燃烧室沉积物引起提前点火的性能
RD 级	用于苛刻条件下工作的中型至大型水冷二冲程汽油机	具有防止燃烧室沉积物引起提前点火、活塞环黏结、活塞磨损和防腐蚀的性能

（三）柴油机油的选用

柴油机油的选择，应首先根据柴油机工作条件的苛刻程度，选用合适的等级。质量等级选定后，再根据环境气温，并结合柴油机的技术状况，选择柴油机油的牌号，即黏度等级，如表 2-3 所示。

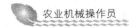

表 2-3　柴油机油（C 系列）的牌号应用

品种	适用范围	黏度牌号和应用
CC 级	只适用于低增压和中等负荷的非增压柴油机以及一些重负荷汽油机	有 5W/30、10W/30、155W/40、20W/40、20/20W、30、40 等牌号
CD 级	用于需要高效控制磨损和沉积物或使用包括高硫燃料非增压、递增压和增压式柴油机以及国外要求使用 APICD 级油的柴油机	如东风中、中性卡车柴油发动机装用 CD30、CD40、CD50 或 CD15W/40、20W/50、10W/30 柴油机油，康明斯发动机使用 CD15W/40、20W/50、10W/30 柴油机油
CD-Ⅱ级	用于要求高效控制磨损和沉积物的重负荷二冲程柴油机	要求使用 APICD-Ⅱ级油的柴油机，同时也满足 CD 级油的性能要求
CE 级	用于在低速高负荷和高负荷条件下运行的低增压和增压式重负荷柴油机	要求使用 APICE 级油的柴油机，同时也满足 CD 级油的性能要求
CF 级	用于高速四冲程柴油机以及要求使用 APICF-4 级油的柴油机。该机油品特别适用于高速公路行驶的重负荷货车	有 10W、5W/30、10W/30、15W/30、15W/40、20W/40、20/20W、30、40 牌号。如依维柯专用 CF10W/30、15W/40 机油；奔驰、沃尔沃等大型高级客车、各种进口及国产高级大型载重汽车、高级轿车也可选用 CF-4/SG15W/40 机油

（四）齿轮油的牌号与选用

　　齿轮油是用来润滑变速箱齿轮等机件的。由于齿轮的工作条件较苛刻，如接触面积小、齿轮负荷大、齿面上的油膜易遭到破坏等，故要用高负荷下仍能在齿面形成牢固油膜层的齿轮油润滑，以减少磨损。

　　低速货车的变速箱，选用普通车辆齿轮油即可。按国标规定，有 80W/90、85W/90 和 90 三个牌号，它们的适应范围如下。

　　（1）80W/90 号齿轮油，适于在-25℃以上地区全年使用。

　　（2）85W/90 号齿轮油，适于在-15℃以上地区全年使用。

　　（3）90 号齿轮油，适于在-10℃以上地区全年使用。

变速箱中加注齿轮油要适量，因为变速箱中齿轮传动装置的润滑为油淋式，如果加油过多，会增加搅拌阻力，造成能量损失；加油过少，则会使润滑不良，加速齿轮。另外，要按规定更换齿轮油。

齿轮油主要用于变速器、主传动器、转向器等处。

（五）润滑脂的牌号与选用

润滑脂是一种半固体膏状润滑剂。与润滑油相比，润滑脂具有良好的塑性和黏附性，它在常温和静止条件下，易在使用部位保持它原有的状态；当受热或机械作用时则变稀，能像润滑油一样起润滑作用，而当热或机械的作用消失后，它又恢复原状。因此，润滑脂能在裸露、密封不良等不能用润滑油的场合下，对机械起保护、润滑、密封和减震等作用。

1. 润滑脂的类型

常用的润滑脂有钙基润滑脂、钠基润滑脂、钙钠基润滑脂和锂基润滑脂等几种。

（1）钙基润滑脂。钙基润滑油俗称黄油，是常用的润滑脂。它具有良好的抗水性和保护性，广泛用于易接触水和潮湿的场合。其缺点是耐温性差，使用温度不能超过70℃。可用于底盘摩擦部位、水泵轴承、分电器等处。

按针入度的大小，分为 1、2、3、4 四个牌号，号数越大，润滑脂的针入度越小。

在中等转速、轻负荷和最高温度在50℃以下的摩擦部位用 2 号合成钙基润滑脂。

在中等转速、轻负荷或中等负荷、最高温度在 60℃ 以下的摩擦部位用 2 号钙基润滑脂或 3 号合成钙基润滑脂。

在中等转速、中等负荷和最高温度在 65℃ 以下的摩擦部位用 3 号钠基润滑脂。

在低转速、重负荷和最高温度在 70℃以下的摩擦部位用 4 号钙基润滑脂。

（2）钠基润滑脂。钠基润滑油的特点是耐热不耐水（与钙基润滑脂相反），分为 2、3、4 三个牌号，适合于润滑温度较高而不遇水的部位，如离合器前轴承、低速货车上的发电机轴承等。其中，2 号和 3 号的钠基润滑脂的工作温度不超过 120℃，4 号钠基润滑脂的工作温度不超过 135℃。

（3）钙钠基润滑脂。钙钠基润滑油的性能介于钙基脂和钠基脂之间，具有一定的抗水性和耐高温性，分为 1、2 两个牌号。广泛用于各种类型的电动机、发电机、汽车、拖拉机和其他机械的滚动轴承润滑。1 号钙钠基润滑脂工作温度在 85℃以下，2 号钙钠基润滑脂工作温度在 100℃以下。

（4）锂基润滑脂。锂基润滑油具有良好的抗水性、较高的耐温性和防锈性，可在潮湿和高低温范围内满足多数设备的润滑，是一种通用润滑脂。使用它有利于减少润滑脂的品种和改善润滑效果，但价格较高。

2. 润滑脂的使用

在使用润滑脂时应注意以下事项。

（1）在轴上使用时，不要涂满，只需涂装 1/2～2/3 即可，过多的润滑脂不但无用，还会增加运转阻力，使轴承湿度升高。

（2）用于轮毂轴承时，要提倡"空毂润滑"，即只在轮毂轴承上涂装适当的润滑脂，在轮毂内腔为了防锈，只薄薄抹一层即可，不要装满；否则，不仅浪费润滑脂，还会造成轮毂轴承散热不良，润滑脂受热外溢，甚至流到制动摩擦片表面，造成制动失灵。

（3）在涂新润滑脂前，要把废旧润滑脂清洗干净，并把零件吹干，以免加速新润滑脂的失效。

（4）在使用和保管润滑脂时，要注意清洁，不要露天存放。

用完后要加盖，防止灰尘、砂土混入，最后放在阴凉干燥的地方。不要用木制容器存放润滑脂，因木料吸油，易使润滑脂变硬。特别是复合钙基润滑脂，更易吸潮变硬。

四、制动液、防冻液、液压油的选用

（一）制动液的选用

制动液俗称刹车油，用于制动器和离合器助力器中。

1. 制动液的类型

制动液有醇醚型、脂型、矿油型和硅油型等。其中，醇醚型和脂型统称为合成型，是目前广泛使用的主要品种。

（1）醇醚型制动液。由基础油、润滑剂和添加剂3种成分组成，具有性能稳定、成本低的特点，但吸湿性强，湿沸点较低，不适合在潮湿条件下使用。

（2）矿油型制动液。沸点高，对金属无腐蚀，但对橡胶件有腐蚀。目前，市场上进口制动液中矿油型较多，使用时要注意识别，若使用矿油型制动液，橡胶皮碗和软管都要换耐油的。

（3）硅油型制动液。性能好，但价格高。

（4）合成型制动液。沸点高，温度适应范围大，对金属和橡胶零件的腐蚀小。国产牌号有4603、4604、4604-1等。

2. 使用制动液要注意的事项

使用制动液时要注意以下几点。

（1）应尽量按车辆说明书的要求选用制动液。使用不同牌号的制动液时，应将制动系统彻底清洗干净，再换用新制动液。

各种制动液绝对不能混用。

（2）灌装制动液的工具、容器必须专用，不可与其他装油的容器混用。

（3）制动液（特别是合成制动液）是有毒物品，能损坏漆膜，加注时应避免溅入人眼或涂漆表明。

（4）不要使用已经吸收了空气中潮气的制动液和脏污的制动液，否则，会使机件过早磨损和制动不良。

（5）不要使用有白色沉淀物的制动液，也不要将白色沉淀物滤除后使用。

（6）制动液要定期更换，以免制动液中含水量增多。一般在车辆行驶 2 万~4 万 km 或 1 年更换 1 次。

（7）制动液不可露天存放，以防日晒雨淋变质。

（二）防冻液的选用

在水冷式发动机的水箱里，大多都装有防冻液，起到防冻、防腐蚀、防水垢等作用。防冻液主要由防冻剂与水按一定的比例混合配置而成，这样既能保持水的良好传热效果，又能降低冷却液的凝固点。防冻液有乙二醇（甘醇）型、酒精型、甘油型等。目前，用得最多的是乙二醇（甘醇）型防冻液。

乙二醇（甘醇）型防冻液在使用时要注意以下事项。

（1）一般情况下，防冻液与水的比例为 40∶60 时，冷却液沸点为 106℃，凝固点（冰点）为-26℃；当 50∶50 时，冷却液沸点为 108℃，凝固点（即冰点）为-38℃。一般要求按照低于当地最低温度 5℃ 左右配制冷冻液。

乙二醇（甘醇）型防冻液的牌号是按照冰点划分的，使用时应根据当地冬季最低气温来选择适当牌号的防冻液，应使防冻液的冰点低于最低气温 5℃。如果是浓缩液，应按产品说明书的规定比例加清洁水稀释。

（2）乙二醇（甘醇）型防冻液不仅有较低的冰点，防止冬季结冰，还可提高沸点，防止夏季沸腾，因此，可四季通用。

（3）乙二醇（甘醇）型防冻液使用一段时间后，会因蒸发而使液面下降，应及时加水，以免受热后产生泡沫。

（4）乙二醇（甘醇）型防冻液一般可使用 2~3 年，入冬前，要检查、调整防冻液的密度，添加防腐剂，并将防冻冷却液的冰点调到该牌号最高冰点。

（5）使用防冻冷却液时要保证冷却系统无渗漏，加注时不要过满，一般只加注到冷却系总容量的 95%，以避免温度升高后膨胀溢出。

（6）乙二醇（甘醇）型防冻冷却液有毒，使用中注意安全，手接触后要洗净。

（7）乙二醇（甘醇）型防冻冷却液在保管时要保持清洁，特别要防止石油产品混入，以免受热后产生泡沫。

（三）液压油的选用

液压系统运行故障的 70% 是由液压油引起的。因此，正确、合理地选用液压油，对于提高液压设备的工作可靠性，延长系统及元件的寿命，保证机械设备的安全、正常运行具有十分重要的意义。

液压油的选用应当在全面了解液压油性质并结合考虑经济性的基础上，根据液压系统的工作环境及使用条件选择合适的品种，确定适宜的黏度。液压油的品种选定后，黏度的选择具有决定的意义。

液压油的品种有普通液压油（代号 HL）、抗磨液压油（代号 HM）、低温液压油（代号 HV 和 HS）、难燃液压油（代号 HFAE 和 HFC）等。每种液压油都有若干不同黏度的牌号，牌号由代号和黏度值数字构成。普通液压油适用于中低压液压系统（压力为 2.58 兆帕），牌号有 HL32、HIA6、HL68；抗磨润滑油适用于压力较高（大于 10 兆帕）、使用条件苛刻的液压系统，牌号有 HM32、HM46、HM68、HM100、HM50 等。拖拉机、联合

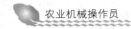

收割机、工程机械应选用此种油。根据工作环境温度选用相应黏度的牌号，在严寒地区作业的机械宜选用低温液压油。

五、常用油料的净化

（一）柴油的净化

1. 柴油净化

柴油净化包括沉淀、过滤和加油等环节，要注意清洁防尘，保证用油清洁。

（1）用沉淀的方法获得清洁的柴油。柴油必须经过 96h 沉淀，才能使柴油表层的杂质含量降低到允许限度以内。因此，到加油站加柴油必须选择经过沉淀的柴油，而且应当利用浮子从油罐的表层取油。如将柴油装桶运回家使用时，必须经过 96h 沉淀，并取用距桶底 20cm 以上的柴油。加油时要用工具自上而下抽取，不能倾倒，否则将丧失沉淀的作用。桶内余下的柴油应经沉淀使用，油箱要定期放沉淀油（此油单独存放，沉淀后可用于清洗一般零件）。

（2）加油时要过滤，过滤装置要用专门制作的加油过滤器。

（3）油桶要定期清洗、加油装置（加油桶）要专用，过滤装置要定期维护。

（4）最好班后结束工作时加油。如油箱内空气较多，温度变化时，水蒸气容易凝结而进入柴油。

2. 安全使用

（1）注意防火。油料易挥发，遇明火或高温物体容易燃烧，着火扑救比较困难，因此，必须特别注意以下 8 点。

① 加油时发动机应熄火，并严禁烟火，如吸烟、明火照明等。

② 冬季严禁明火烤车、烤油桶。

③ 开启油桶盖时，不要用金属工具敲击，以免产生火花，引起火灾。

④ 焊修贮油工具前，必须倒净残油，认真清洗干净。焊修时将口盖打开，避免发生爆炸。

⑤ 脏、残、废油料不得随意乱倒，应集中分类保管、处理。

⑥ 油料应贮存在通风、阴凉处，不得在阳光下暴晒。贮油点应设置有灭火器材。

⑦ 严禁使用塑料桶随车贮存汽油或装运汽油。

⑧ 拖拉机从事脱粒、收割作业等，排气管应安装灭火罩。

（2）防止中毒。

① 不用嘴吸吮油料。

② 不用汽油、柴油洗手，应用肥皂、洗衣粉。

③ 注意贮存油料地方的通风，避免人体吸入后引起中毒。

（3）防止油桶爆炸。油桶贮油不得过满，应留有一定的膨胀容积（如留 10%~15%）。

3. 正确选择救火方式

油料使用过程中，万一发生火灾，不得用水扑救，应用泡沫灭火器或沙土埋盖。

（二）机油的净化

如何延长机油的使用期限延长机油的使用期限应做好以下几点。

（1）加机油时，一定要注意清洁。机油加注口要擦干净，尘土、杂质不能进入。

（2）保证活塞环具有良好的密封性，使气体不下窜。

（3）油底壳内经常保证不缺油，经常检查曲轴箱通气孔，保证通气。

（4）保证滤清效果，适时保养空气滤清器。

（5）适时清洗润滑系统，保证润滑油清洁。

（6）根据季节换用适当牌号的润滑油。

（7）发动机的工作温度不能长期过高，避免机油高温氧化。

（8）机油更换时间的确定各机型说明书中规定发动机工作100~200h，应更换机油。但润滑油的质量与平时工作负荷、保养及日常使用有关，应因车而异。通常检查机油可以适用的方法如下。

① 用手捻研机油，如油中杂质太多或黏性太差，手指可感觉出来。此时，应更换机油。

② 观察机油的颜色和稀稠程度，若机油呈黑色、过稠或过稀应更换。

③ 从油底壳内取出一定量的机油，放入容器内，边倒边注意油流。如油流能保证细长且均匀，说明还可以用，否则，应更换。

模块三　拖拉机驾驶操作技术

拖拉机是农业生产中重要的动力机械，用途广泛，例如，拖拉机与挂车连接，可实现农产品的运输；与相应的农机具连接，可进行耕地、整地、播种、施肥、收割等田间作业，还可完成灌溉、脱粒、发电、农副产品加工等作业。

一、拖拉机的基本构造

按照结构不同，拖拉机可分为手扶拖拉机、轮式拖拉机和履带式拖拉机等。不管哪种结构的拖拉机，其都主要由发动机、底盘、电气设备和液压悬挂系统四大部分组成，图3-1所示为轮式拖拉机的结构简图。

（一）发动机

发动机是整个拖拉机的动力装置，也是拖拉机的心脏，为拖拉机提供动力。拖拉机上多采用热力发动机，它由机体、曲柄连杆机构、配气机构、燃料供给系统、润滑系统、冷却系统和启动装置等组成。

1. 发动机的类型

（1）按燃料分为汽油发动机、柴油发动机和燃气发动机等。

（2）按冲程分为二冲程发动机和四冲程发动机。曲轴转1圈（360°），活塞在气缸内往复运动2个冲程，完成一个工作循环的称为二冲程发动机；曲轴转2圈（720°），活塞在气缸内往复运

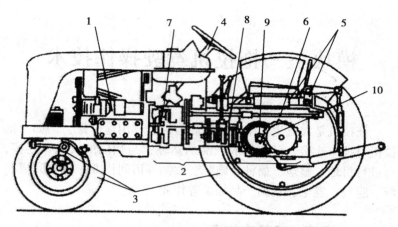

图 3-1 轮式拖拉机纵剖面

1. 发动机；2. 传动系统；3. 行走系统；4. 转向系统；5. 液压悬挂系统；
6. 动力输出轴；7. 离合器；8. 变速箱；9. 中央传动；10. 最终传动

动 4 个冲程，完成一个工作循环的称为四冲程发动机。一个冲程是指活塞从一个止点移动到另一个止点的距离。

（3）按冷却方式分为水冷发动机和风冷发动机。利用冷却水（液）作为介质在气缸体和气缸盖中进行循环冷却的称为水冷发动机；利用空气作为介质流动于气缸体和气缸盖外表面散热片之间进行冷却的称为风冷发动机。

（4）按气缸数分为单缸发动机和多缸发动机。只有 1 个气缸的称为单缸发动机；有 2 个和 2 个以上气缸的称为多缸发动机。

（5）按进气是否增压分为非增压（自然吸气）式和增压（强制进气）式。进气增压可大大提高功率，故被柴油机尤其是大功率型广泛采用；而汽油机增压后易产生爆燃，所以应用不多。

（6）按气缸排列方式分为单列式和双列式。单列式一般是垂直布置气缸，也称直列式；双列式是把气缸分成两列，两列之间的夹角一般为90°，称为v型发动机，见图3-2。拖拉机的发动机一般采用直列、增压、水冷、四冲程柴油发动机。

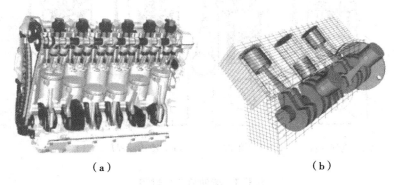

（a）　　　　　　　　　　　　（b）

图3-2　发动机排列方式

（a）单列式　　　（b）双列式

2. 发动机的工作过程

以四冲程柴油发动机为例，发动机的工作分为进气、压缩、做功、排气4个冲程。

（1）进气冲程如图3-3（a）所示，曲轴靠飞轮惯性力旋转、带动活塞由上止点向下止点运动，这时进气门打开，排气门关闭，新鲜空气经滤清器被吸入气缸内。

（2）压缩冲程如图3-3（b）所示，曲轴靠飞轮惯性力继续旋转、带动活塞由下止点向上止点运动，这时进气门与排气门都关闭，气缸内形成密封的空间，气缸内的空气被压缩，压力和温度不断升高，在活塞到达上止点前，喷油器将高压柴油喷入燃烧室。

（3）做功冲程如图3-3（c）所示，进排气门仍关闭，气缸内温度达到柴油自燃温度，柴油便开始燃烧，并放出热量，使气缸内的气体急剧膨胀，推动活塞从上止点向下止点移动做功，并

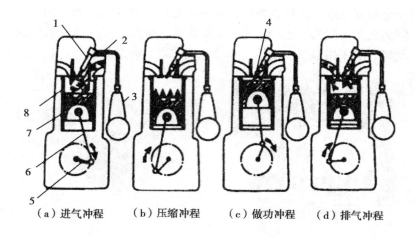

（a）进气冲程　　（b）压缩冲程　　（c）做功冲程　　（d）排气冲程

图 3-3　柴油机工作过程

　　1. 喷油器；2. 高压柴油管；3. 柴油泵；4. 燃烧室；5. 曲轴；6. 连杆；7. 活塞；8. 气缸

通过连杆带动曲轴旋转，向外输出动力。

　　（4）排气冲程如图 3-3（d）所示，在飞轮惯性力作用下，曲轴旋转带动活塞从下止点向上止点运动，这时进气门关闭，排气门打开，燃烧后的废气从排气门排出机外。

　　完成排气冲程后，曲轴继续旋转，又开始下一循环的进气冲程，如此周而复始，使柴油机不断地转动产生动力。在 4 个冲程中，只有做功冲程是气体膨胀推动活塞做功，其余 3 个冲程都是消耗能量，靠飞轮的转动惯性来完成的。因此，做功行程中曲轴转速比其他行程快，使柴油机运转不平稳。

　　由于单缸机转速不均匀，且提高功率较难，因此，可采用多缸。在多缸柴油机上，通过一根多曲柄的曲轴向外输出动力，曲轴转两圈，每个气缸要做一次功。为保证曲轴转速均匀．各缸做功冲程应均匀分布于一个工作循环内，因此，多缸机各气缸是按照一定顺序工作的，其工作顺序与气缸排列和各曲柄的相互位置有关，另外，还需要配气机构和供油系统的配合。

（二）底盘

底盘是拖拉机的骨架或支撑，是拖拉机上除发动机和电气设备以外的所有装置的总称。它主要由传动系统、行走系统、转向系统、制动系统、液压悬挂装置、牵引装置、动力输出装置及驾驶室等组成。

1. 传动系统

传动系统位于发动机与驱动轮之间，其功用是将发动机的动力传给拖拉机的驱动轮和动力输出装置，拖动拖拉机前进、倒退、停车、并提供动力的输出。

轮式拖拉机的传动系统一般包括离合器、变速箱、中央传动、差速器和最终传动，如图 3-4 所示。

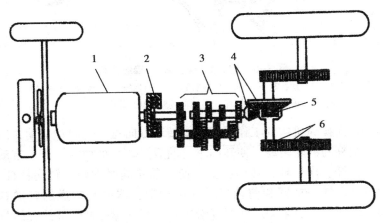

图 3-4　轮式拖拉机的传动系统

1. 内燃机；2. 离合器；3. 变速箱；4. 中央传动；5. 差速器；6. 最终传动

履带式拖拉机的传动系统一般包括离合器、变速箱、联轴节、中央传动、左右转向离合器和最终传动。

手扶拖拉机的传动系统一般包括离合器、变速箱、联轴节、中央传动、左右转向机构和最终传动。

2. 转向系统

拖拉机的转向系统的功用是控制和改变拖拉机的行驶方向。

轮式拖拉机的转向系统由转向操纵机构、转向器操纵机构、转向传动机构和差速器组成，图 3-5 为转向操纵机构示意图。

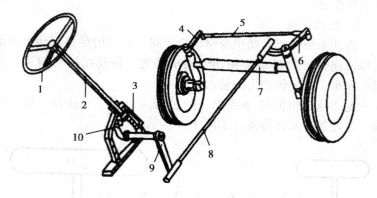

图 3-5　轮式拖拉机的转向操纵机构

1. 方向盘；2. 转向轴；3. 蜗杆；4. 转向摇臂；5. 横拉杆；6. 转向杠杆；7. 前轴；8. 纵拉杆；9. 转向垂臂；10. 涡轮

转向操纵机构的工作过程是：转动方向盘，转向轴带动转向器的蜗杆与涡轮转动，使转向垂臂前后摆动，推拉纵拉杆，带动转向杠杆、横位杆、转向摇臂，使两前轮同时偏转。转向杠杆、横拉杆、转向摇臂和前轴形成一个梯形，这就是常说的转向梯形。转向器广泛采用球面蜗杆滚轮式、螺杆螺母循环球式和蜗杆涡轮式。

3. 行走系统

其功用是支撑拖拉机的重量，并使拖拉机平稳行驶。

轮式拖拉机行走系统一般由前轴、前轮和后轮组成。其中，能传递动力用于驱动车轮行走的，称驱动轮；能偏转而用于引导拖拉机转向的，称为导向轮。仅有两个驱动轮的称为两轮驱动式拖拉机，前后 4 个车轮都能驱动的，称为四轮驱动式拖拉机。

　　拖拉机的前轮在安装时有以下特点：转向节立轴略向内和向后倾斜；前轮上端略向外倾斜、前端略向内收拢。这些统称为前轮定位，其目的是为了保证拖拉机能稳定的直线行驶和操纵轻便，同时，可减少前轮轮胎和轴承的磨损。

　　前轮定位的内容有以下 4 项内容。

　　（1）转向节立轴内倾。内倾的目的是为了使前轮得到一个自动回正的能力，从而提高拖拉机直线行驶的稳定性。一般内倾角为 3°～9°，如图 3-6 所示。

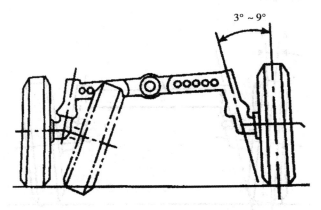

图 3-6　转向节立轴内倾角

　　（2）转向节立轴后倾。转向节立轴除了内倾外，还向后倾斜 0°～5°，称为后倾。如图 3-7 所示。转向节立轴后倾的目的是为了使前轮具有自动回正的能力。

　　（3）前轮外倾。拖拉机的前轮上端略向外倾斜 2°～4°，称为

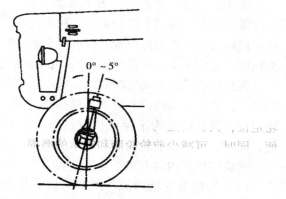

图 3-7 转向节立轴后倾

前轮外倾，如图 3-8 所示。

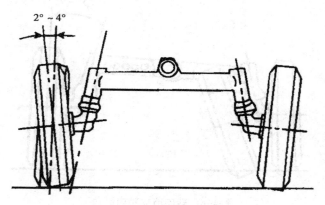

图 3-8 前轮外倾

　　前轮外倾有两个作用：一是可使转向操作轻便；二是可防止前轮松脱。但是外倾后会造成前轮轮胎的单边磨损，因此，要定期换边、换位使用，以防磨损过度，导致轮胎提前报废。

（4）前轮前束。两个前轮的前端，在水平面内向里收拢一段距离，称为前轮前束，如图 3-9 所示，前端的尺寸小于后端的尺寸。

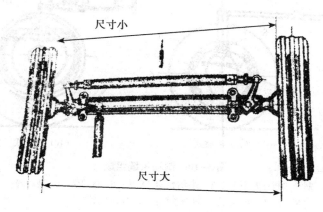

尺寸小

尺寸大

图 3-9　前轮前束

4. 制动系统

拖拉机的制动系统由操作机构和制动器两部分组成，制动器俗称刹车。制动器操纵机构的形式有机械式、液压式和气力式，制动器的形式有蹄式、带式和盘式，如图 3-10 所示。

制动系统的功用是用来降低拖拉机的行驶速度或迅速制动的，并可使拖拉机在斜坡上停车，若单边制动左侧（或右侧），可协助拖拉机向左（或右）转向。机械式操纵机构由踏板、拉杆等机械杆件组成，完全由人力来操纵，左、右制动器分别由两个踏板操纵，分开使用时，可单侧制动，以协助转向。当两个踏板连锁成一体时，可使左右轮同时制动。运输作业是两个制动踏板一定要连成一体。

液压式操纵机构有的由液压油泵供给动力，属动力式液压刹车；有的是靠人力，用脚踩踏板给油泵供油，属人力液压刹车。

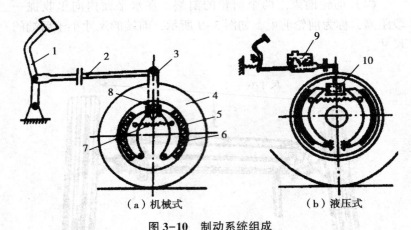

（a）机械式　　　　　（b）液压式

图 3-10　制动系统组成

1. 制动踏板；2. 拉杆；3. 制动臂；4. 车轮；5. 制动鼓；6. 制动蹄；
7. 回位弹簧；8. 制动凸轮；9. 制动总泵；10. 制动分泵

蹄式制动器的制动部件类似马蹄形，故称为蹄式。制动蹄的外表面上铆有摩擦片，称为制动蹄片，每个制动器内有两片。制动鼓与车轮轮圈制成一体或装在半轴上。当踩下制动踏板时，通过传动杆件制动臂，带动制动凸轮转动，将两个制动蹄片向外撑开，紧紧压在制动鼓的内表面上，产生摩擦力矩使制动鼓停止转动，即半轴停止转动。不制动时，放松制动踏板，靠回位弹簧使制动蹄片回位，保持与制动鼓之间有一定的间隙。

5. 液压悬挂装置

拖拉机液压悬挂装置用于连接悬挂式或半悬挂式农具，进行农机具的提升、下降及作业深度的控制。

（1）拖拉机液压悬挂装置的组成。见图 3-11，由液压系统和悬挂机构两部，分组成。液压系统主要由油泵、分配器、油缸、辅助装置（液压油箱、油管、滤清器等）和操纵机构组成。悬挂机构主要由提升臂、上拉杆、提升杆及下拉杆组成。

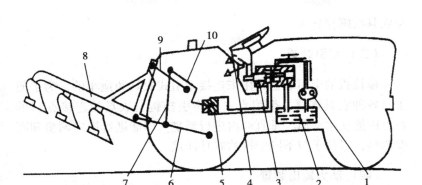

图3-11 拖拉机液压悬挂装置

1. 油泵；2. 邮箱；3. 分配器；4. 操纵手柄；5. 油缸；6. 下拉杆；7. 提升杆；8. 农具；9. 上拉杆；10. 提升臂

（2）拖拉机液压悬挂装置的功能。一般拖拉机的液压悬挂装置设有位调节和力调节两个控制手柄，可根据农具耕作条件选择使用。在地面平坦、土壤阻力变化较小的情况下，需通过自动调节深浅，使牵引力较稳定，以保持拖拉机的稳定负荷，并使耕作的农具不致因阻力过大而损坏，此时应使用力调节。

应注意以下事项。

① 在使用力调节时，必须先将位调节手柄放在"提升"位置并锁紧，再操纵力调节手柄。

② 在使用位调节时。必须先将力调节手柄放在"提升"位置并锁紧。再操纵位调节手柄。

③ 悬挂农具在运输状态时，应将内提升手臂锁住，使农具不能下落。

④ 当不需要使用液压装置时，应将两个手柄全部锁定在"下降"位置，不能将力、位调节手柄都放在"提升"位置。

⑤ 严禁在提升的农具下面进行调整、清洗或其他作业，以

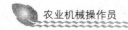

免农具沉降损伤人。

（三）牵引装置

拖拉机的牵引装置是用来连接牵引式农具和拖车的，为了便于与各种农具连接，牵引点（即牵引挂钩与农具的连接点）的位置应能在水平面与垂直面内进行调整。即能进行横向调整和高度调整，以便于与不同结构的农具挂接。

（四）动力输出装置

拖拉机向农业机械输出动力的形式有两种：移动作业时，通过动力输出轴，由带有万向节的联轴器把动力传递给农具；固定作业时，在动力输出轴上安装驱动皮带轮，向固定作业机具输出动力。

二、拖拉机的驾驶要领

（一）基本驾驶技术

1. 拖拉机的启动

启动前应对柴油机的燃油、润滑油、冷却水等项目进行检查，并确认各部件正常，油路畅通且无空气，变速杆置于空挡位置，并将熄火拉杆置于启动位置，液压系统的油箱为独立式的，应检查液压油是否加足。

（1）常温启动。先踩下离合器踏板，手油门置于中间位置，将启动开关顺时针旋至第Ⅱ挡（第Ⅰ挡为电源接通）"启动"位置，待柴油机启动后立即复位到第Ⅰ挡，以接通工作电源。若10s内未能启动柴油机，应间隔 1～2min 后再启动，若连续三次启动失败，应停止启动，检查原因。

（2）低温启动。在气温较低（-10℃以下）冷车启动时可使用预热器（有的机型装有预热器）。手油门置于中、大油门位置，将启动开关逆时针旋至"预热"位置，停留20~30s再旋至"启动"位置，待柴油机启动后，启动开关立即复位，再将手油门置于急速油门位置。

（3）严寒季节启动。按上述方法仍不能起动时，可采取以下措施：① 放出油底壳机油，加热至80~90℃后加入，加热时应随时搅拌均匀，防止机油局部受热变质。② 在冷却系统内注入80~90℃的热水循环放出，直至放出的水温达到40℃时为止。然后按低温启动步骤启动。③ 严禁在水箱缺水或不加水、柴油机油底壳缺油的情况下启动柴油机。④ 柴油机启动后，若将油门减小而柴油机转速却急剧上升，即为飞车，应立即采取紧急措施迫使柴油机熄火。方法为用扳手松开喷油泵通向喷油器高压油管上的拧紧螺母，切断油路或拔掉空气滤清器，堵住进气通道。

2. 拖拉机的起步

（1）拖拉机起步。起步时应检查仪表及操纵机构是否正常，驻车制动操纵手柄是否在车辆行驶位置，并观察四周有无障碍物，切不可慌乱起步。

（2）挂农具起步。如有农具挂接的情况，应将悬挂农具提起，并使液压控制阀位于车辆行驶的状态。

（3）起步操作。放开停车锁定装置，踏下离合器踏板，将主、副变速杆平缓地拨到低挡位置，然后鸣喇叭，缓慢松开离合器踏板，同时，逐渐加大油门，使拖拉机平稳起步。

上、下坡之前应预先选好挡位。在陡坡行驶的中途不允许换挡，更不允许滑行。

3. 拖拉机的换挡

（1）拖拉机的挂挡。拖拉机在行驶的过程中，应根据路面或作业条件的变化变换挡位，以获得最佳的动力性和经济性。为了使拖拉机保持良好的工作状况，延长拖拉机离合器的使用寿命，驾驶员在换挡前必须将离合器踏板踩到底，使发动机的动力与驱动轮彻底分开。此时，换入所需挡位，再缓慢松开离合器踏板。

拖拉机改变进退方向时，应在完全停车的状态下进行换挡；否则，将使变速器产生严重机械故障，甚至使变速器报废。拖拉机越过铁路、沟渠等障碍时，必须减小油门或换用低挡通过。

（2）行驶速度的选择。正确选择行驶速度，可获得最佳生产效率和经济性，并且可以延长拖拉机的使用寿命。拖拉机工作时不应经常超负荷，要使柴油机有一定的功率储备。对于田间作业速度的选择，应使柴油机处于80%左右的负荷下工作为宜。

田间作业的基本工作挡如下：犁耕时常用Ⅱ、Ⅲ、Ⅳ挡，旋耕时常用Ⅰ、Ⅱ挡或爬行Ⅵ、Ⅶ、Ⅷ挡，耙地时常用Ⅲ、Ⅳ、Ⅴ挡，播种时常用Ⅲ、Ⅳ挡，小麦收割时常用Ⅲ挡，田间道路运输时常用Ⅵ、Ⅶ、Ⅷ挡，用盘式开沟机开沟（沟的截面积为0.4m^{2}时）时常用爬行Ⅰ挡。

当作业中柴油机声音低沉、转速下降且冒黑烟时，应换低Ⅰ挡位工作，以防止拖拉机过载；当负荷较轻而工作速度又不宜太高时，可选用高Ⅰ挡小油门工作，以节省燃油。

拖拉机转弯时必须降低行驶速度，严禁在高速行驶中急转弯。

4. 拖拉机的转向

拖托机转向时应适当减小油门，操纵转向盘实现转向。当在松软土地或在泥水中转向时，要采用单边制动转向，即使用转向盘转向的同时，踩下相应一侧的制动踏板。

轮式拖拉机一般采用偏转前轮式的转向方式，特点是结构简单，使用可靠，操纵方便，易于加工，且制造成本低廉。其中前轮转向方式最为普遍，前轮偏转后，在驱动力的作用下，地面对两前轮的侧向反作用力的合力构成相对于后桥中点的转向力矩，致使车辆转向。

手扶式拖拉机常采用改变两侧驱动轮驱动力矩的转向方式，切断转向一侧驱动轮的驱动力矩，利用地面对两侧驱动轮的驱动力差形成的转向力矩而实现转向。

手扶式拖拉机的转向特点是转弯半径小，操纵灵活，可在窄小的地块实现各种农田作业，特别是水田的整地作业更为方便。

5. 拖拉机的制动

制动时应先踩下离合器踏板，再踩下制动器踏板，紧急制动时应同时踩下离合器踏板和制动器踏板，不得单独踩下制动器踏板。

制动的主要作用是迫使车辆迅速减速或在短时间内停车；还可控制车辆下坡时的车速，保证车辆在坡道或平地上可靠停歇；并能协助拖拉机转向。拖拉机的安全行驶很大程度上取决于制动系统工作的可靠性，因此，要求具有足够的制动力；良好的制动稳定性（前、后制动力矩分配合理，左、右轮制动一致）；操纵轻便，经久耐用，便于维修；具有挂车制动系统，挂车制动应略早于主车（当挂车与主车脱钩时，挂车能自行制动）。

6. 拖拉机的倒车

拖拉机在使用中经常需要倒车，特别是拖拉机连接挂车、换用农具时都要用到拖拉机的倒车过程。上述的挂接过程中易出现人身伤亡事故，应特别引起驾驶员的注意。挂接时一定要用拖拉机的低速挡操作，要由经验丰富的驾驶员来完成。

7. 拖拉机的停车

拖拉机短时间内停车可以不熄火，长时间停车应将柴油机熄火。熄火停车的步骤是：减小油门，降低拖拉机速度；踩下离合器踏板，将变速杆置于空挡位置，然后松开离合器；停稳后使柴油机低速运转一段时间，以降低水温和润滑油温度，不要在高温时熄火；将启动开关旋至"关"的位置，关闭所有电源；停放时应踩下制动器踏板，并使用停车锁定装置。

冬季停放时应放净冷却水，以免冻坏缸体和水箱。

（二）道路驾驶技术

拖拉机在道路上行走时，正常速度高，开车前应对拖拉机进行认真的检查和准备。乡村道路条件差，不平，坡多，过村庄、桥梁、田埂较多，驾驶员要小心安全驾驶。

1. 白天道路驾驶技能

一是掌握好驾驶速度。应根据自己的车型、道路、气候、载重以及来往车辆、行人状态确定自己的车速。要严格遵守安全交通规则的限速规定，正常大中型拖拉机行驶速度每小时约 20km，最高车速一般不超过每小时 30km。严禁采用调整调速器、换加大轮等方法提高车速。

二是掌握好车间距离。车与车应保持一定的距离，间距的大小与当时的气候、公路条件和车速等因素有关。正常平路行走车距保持在 30m 以上，坡路、雨雪天气车距保持在 50m 以上。

三是转弯。转弯时必须减速、鸣喇叭、开转向灯、靠右行。

四是会车。会车时要严守交通规则，并减速靠右行。两车之间的侧向间距最短要大于 1m。若拖拉机带有拖车会车时，应提前靠右行驶，使拖拉机与拖车在一条直线上。

五是超车。在超车前要看后面有无车辆超车，被超车的前面有无前行的车辆和有无迎面来的车辆，判断前车速度及道路许可情况下，然后向前车左侧接近，打开左转向灯，鸣喇叭，加速从前车的左边超越，超车后，距被超车辆 20m 以上再驶入正常行驶路线。发现后面的车辆鸣喇叭若要超车时，在道路和交通情况允许情况下，主动减速靠右行，鸣喇叭或以手势示意让后面的车辆超车。

2. 夜间驾驶技能

夜间驾驶，灯光照射范围和亮度小，视线不好，有时灯光闪动，看地形与行驶方向比较困难，还会造成错觉。夜间安全驾驶更需要认真做好准备工作，严格遵守交通规则，掌握好驾驶技能。

（1）夜间驾驶道路的识别方法。一是以发动机的声音及机车的灯光了解道路。车速自动变慢和发动机声音变闷时，是行驶阻力增大，机车正在爬缓坡或驶入松软路面。相反，车速加快和机车声音变得轻松，是行驶阻力变小或在下坡。灯光离开地面时，前方可能出现急转弯、遇大坑、大下坡或者是上坡顶。灯光由路中间移向路侧面时，说明前方出现弯路。若灯光从公路的一侧移向另一侧时，则是驶入连续弯道。灯光照在路面上时，路面的不平遮挡灯光照射，前方路面会出现黑影。二是以路面的颜色了解道路。若夜间摸黑路没有照明，走的是碎石路面，无月夜，路面是深灰色，路外是黑色；有月夜，路面灰白色，积水处是白色。雨后的路面是灰黑色，坑洼、泥泞处是黑色，积水处是白色。雪后，车辙是灰白色。

（2）夜间驾驶要注意的事项。一是防止瞌睡；二是注意路上行人；三是车速要慢；四是增加车间距离，严防追尾；五是尽量避免超车。六是会车要远近灯结合。

3. 特殊路段驾驶技能

一是要掌握好城区道路驾驶技能。城区道路人较多，街道纵横交错，但道路标志、标线设施和交通管理较好。进到城区，要知道城区道路交通情况，如像限制拖拉机通行的路线不能进入，必须按规定的路线和时间行驶。各行其道，看清道路交通标志，不准闯红灯。随时做好停车准备，停车要停在停车线以内。转弯时要打转向灯。

二是要掌握好乡村道路驾驶技能。乡村道路窄，质量差，要低速驾驶。要特别小心畜力车、人力车、拖拉机、牲畜家禽等。

过村庄、学校、单位门口时，要防备人、车辆、牲畜窜入路面，避免发生事故。

三是要掌握好过铁路、桥梁、隧道时的驾驶技能。过有看守人的铁道路口时，要看道口指示灯或看守人员的指挥手势；过无人看管的铁道路口时，要朝两边看一下，在无火车通过时再低速驶过铁道路口，中途不准换挡。万一拖拉机停在铁道路上，想方设法尽快将拖拉机移出铁轨。过桥梁要靠右边，低速通过桥梁。过隧道时，检查拖拉机装载高度是否超出隧道的限高。若能过则要打开灯光，鸣喇叭，低速通过。

4. 紧急情况驾驶技能

发生交通事故，都是由突然情况所致。

（1）当遇到爆胎时应双手紧握方向盘，挡住方向盘的自行转动，控制拖拉机直线行驶方向，有转向时不要过度校正。在控制住方向的情况下，轻踩制动踏板使拖拉机缓慢减速，慢慢地将拖拉机靠路边停住。切忌慌乱中向相反方向急转方向盘或急踩制动踏板，否则，将发生蛇形或侧滑，导致翻车或撞车重大事故。

（2）当遇到倾翻时。若是侧翻，应双手紧握转向盘，双脚钩住踏板背部紧靠座椅靠背，尽力稳住身体，随车一起侧翻；若路侧有深沟连续翻滚则应尽量使身体往座椅下躲缩，抱住转向杆避免身体在车内滚动，也可跳车逃生。跳车的方向应向翻车相反方向或运行的后方。落地前双手抱头，蜷缩双腿，顺势翻滚，自然停止。若是感到被甩出车外则毫不犹豫地在甩出的瞬间，猛蹬双腿，助势跳出车外。

（3）当遇到撞车时。首先应控制方向，顺前车或障碍物方向，极力改正面碰撞为侧撞，改侧撞为刮擦，以减轻损失程度。

（4）当遇到转向失控时。若能保持直线行驶状态，前方公路情况能保持直线行驶时，要轻踩制动踏板，轻拉制动操纵杆，慢慢地停下来。若已偏离直线行驶方向时，事故无可避免，则应果断地连续踩下制动踏板，尽快减速停车，减轻撞车力度。

（5）当遇到突然熄火情况时。应连续踩 2~4 次油门踏板，转动点火开关，再次启动，若启动成功，要停车检查，查明排除故障后再继续行驶。若试图再次启动失败，应打开右转向灯，利用惯性，操纵方向盘，使拖拉机缓慢驶向路边停车，打开停车警示灯。检查熄火原因，排除故障。

（6）当遇到下坡制动失效时。若是宽阔地带可迂回减速、停车，当然最好是利用道路边专设的紧急停车道停车。若不能，则应抬起油门踏板，从高速挡越级降到低速挡用发动机牵阻，降低车速，慢慢开到能修车位置，停车检修。若速度还较快，可逐渐拉紧主车制动器操纵杆，逐步阻止传动机件旋转，达到停车目的。若以上措施仍无法有效控制车速，事故无法避免时，则应果断将车靠向山坡一侧，利用车厢一侧与山坡靠拢碰擦；若山坡无法与车厢碰擦，则只能利用车前保险杠斜向撞击山坡，迫使拖拉机停车，以达到减小事故的目的。

三、拖拉机的故障与诊断

（一）故障产生原因

拖拉机零件的技术状况，在工作一定时间后会发生变化，当这种变化超出了允许的技术范围，而影响其工作性能时，即称为故障。如发动机动力下降、启动困难、漏油、漏水、漏气、耗油量增加等。拖拉机产生故障的原因是多方面的，零件、合件、组件和总成之间的正常配合关系受到破坏和零件产生缺陷则是主要的原因。

1. 零件配合关系的破坏

零件配合关系的破坏主要是指间隙或过盈配合关系的破坏。

例如，缸壁与活塞配合间隙增大，会引起窜机油和气缸压力降低；轴颈与轴瓦间隙增大，会产生冲击负荷，引起振动和敲击声；滚动轴承外环在轴承孔内松动，会引起零件磨损，产生冲击响声等。

2. 零件间相互位置关系的破坏

零件间相互位置关系的破坏主要是指结构复杂的零件或基础件。例如，拖拉机变速器壳体变形、轴承孔沿受力方向偏磨等，都会造成有关零件间的同轴度、平行度、垂直度等超过允许值，从而产生故障。

3. 零件、机构间相互协调性关系的破坏

例如，汽油机点火时间过早或过晚，柴油机各缸供油量不均匀，气门开、闭时间过早或过晚等，均属协调性关系的破坏。

4. 零件间连接松动和脱开

零件间连接松动和脱开主要是指螺纹连接及焊、铆连接松动和脱开。例如，螺纹连接件松脱、焊缝开裂、铆钉松动和铆钉剪断等都会造成故障。

5. 零件的缺陷

零件的缺陷主要是指零件磨损、腐蚀、破裂、变形引起的尺寸、形状及外表质量的变化。例如，活塞与缸壁的磨损、缸体与缸盖的裂纹、连杆的扭弯、气门弹簧弹力的减弱和油封橡胶材料的老化等。

6. 使用、调整不当

拖拉机由于结构、材质等特点，对其使用、调整、维修保养应按规定进行。否则，将造成零件的早期磨损，破坏正常的配合关系，导致损坏。

综上所述，不难得出产生故障的原因：一是使用、调整、维修保养不当造成的故障。这是经过努力可以完全避免的人为故障。二是在正常使用中零件缺陷产生的故障。到目前为止，人们尚不能从根本上消除这种故障，是零件的一种自然恶化过程。此类故障虽属不可避免，但掌握其规律，是可以减少其危害而延长拖拉机的使用寿命。

（二）故障诊断方法

1. 拖拉机故障的外观现象

拖拉机出现故障后往往表现出一个或几个特有的外观现象，而某一征象可以在几种不同的故障中表现出来。这些征象都具有可听、可嗅、可见、可触摸或可测量的性质。概括起来有以下几种。

（1）作用反常。例如，发动机启动困难、拖拉机制动失效、主离合器打滑、发电机不发电、拖拉机的牵引力不足、燃油或机油消耗过多、发动机转速不正常等。

（2）声音反常。例如，机器发出不正常的敲击声、放炮声等。

（3）温度反常。例如，发动机的水箱开锅、轴承过热、离合器过热、发电机过热等。

（4）外观反常。例如，排气冒白烟、黑烟或蓝烟，各处漏油、漏水、漏气，灯光不亮，零件或部件的位置错乱，各仪表的读数超出正常的范围等。

（5）气味反常。例如，发出摩擦片烧焦的气味等。

拖拉机故障产生的原因是错综复杂的，每一个故障往往可能由几种原因引起。而这些故障的现象或症状一般都通过感觉器官反应到人脑中，因此，进行故障分析的人，为了得到正确的结果，应加强调查研究，充分掌握有关故障的感性材料。

2. 慢性原因与急性原因

在掌握故障的基本症状以后，就可以对具体的症状进行具体分析。在分析时，必须综合该牌号拖拉机的构造，联系机器及其部件的工作原理，全面、具体而深入地分析可能产生故障的各种

原因。

分析症状或现象应当由表及里，透过表面的现象寻找内在的原因。查找故障的起因则应当由简单到烦琐，也就是先从最常见的可能性较大的起因查起，在确定这些起因不能成立以后，再检查少见的可能较小的起因。据此可以考虑发生故障的慢性原因还是急性原因。

故障产生的慢性原因一般为机械磨损、热蚀损、化学锈蚀、材料长期性塑性变形、金相结构变化，以及零件由于应力集中产生的内伤逐渐扩大等。这些慢性原因在机器运用的过程中长期起作用，因而可能逐渐形成各种故障症状，症状的程度也可能是逐渐增加的。但是，在不正确进行技术维护和操纵机器的条件下，故障就会加速形成。

故障产生的急性原因是各式各样的，例如，供应缺乏（散热器缺水、燃油箱缺油、油箱开关未开、蓄电池亏电、蓄电池极桩松动或接触不良等）、供应系统不通（油管及通气孔堵塞、滤清器堵塞、电路的短路或断路等）、杂物的侵入（燃油中混入水、燃油管进入空气、电线浸油与浸水、滤网积污等）、安装调整错乱（点火次序、气门定时的错乱等）。

急性原因带有较大的偶然性，常常是由于工作疏忽或保养不当引起的。一经发作，机器便不能启动或工作。这类故障一般是比较容易排除的。

3. 分析故障的基本方法

故障症状是故障原因在一定的工作时间内的表现，当变更工作条件时，故障症状也随之改变。只在某一条件下，故障的症状表露得最明显。因此，分析故障可采用以下方法。

（1）轮流切换法。在分析故障时，常采用断续的停止某部分或某部分系统的工作，观察症状的变化或症状更为明显，以判断故障的部位所在。例如，断缸分析法，轮流切断各缸的供油或点火，观察故障症状的变化，判明该缸是否有故障，如发动机发生断续冒烟情况，但在停止某一缸的工作时，此现象消失，则证明此缸发生故障。又如在分析底盘发生异常响声时，可以分离转向离合器。将变速杆放在空挡或某一速挡，并分离离合器，可以判断异常响声发生在主离合器前还是发生在主离合器后，发生在变速器还是发生在中央传动机构。

（2）换件比较法。分析故障时，如果怀疑某一部件或是零件故障起因，可用技术状态完好的新件或修复件替换，并观察换件前后机器工作时故障症状的变化，断定原来部件或零件是否是故障原因所在，分析发动机时，常用此法对喷油器或火花塞进行检验。在多缸发动机中，有时将两缸的喷油器或火花塞进行对换，看故障部位是否随之转移，以判断部件是否产生故障。为了判断拖拉机或发动机某些声响是否属于故障声响，有时采用另一台技术状态正常的拖拉机或发动机在相同工作规范的条件下进行对比。

（3）试探反正法。在分析故障原因时，往往进行某些试探性的调整、拆卸，观察故障症状的变化，以便查询或反证故障产生的部位。例如，排气冒黑烟，结合其他症状分析结果是怀疑喷油器喷射压力降低，在此情形下可稍稍调整喷油器的喷射压力，如果黑烟消失，发动机工作转为正常，即可断定故障是由于喷油器喷射压力过低造成的。又如怀疑活塞气缸组磨损，可向气缸内注入机油，如气缸压缩状态变好，则说明活塞气缸组磨损属实。必须遵守少拆卸的原则，只在确有把握能恢复原状态时才能进行必要的拆卸。

当几种不同原因的故障症状同时出现时，综合分析往往不能查明原因，此时，用试探反证法应更有效。

四、拖拉机的维护与保养

（一）主要部件维护

1. 蓄电池的维护

（1）免维护蓄电池的维护保养。免维护蓄电池平时不需要特殊维护。观察液体比重计观察孔显示：绿色为电池电量充足；黑色为电量不满；白色为电池基本无电。蓄电池观察孔出现黑色显示时需进行补充充电；观察孔出现白色显示时需更换蓄电池。

（2）免维护蓄电池使用和保养注意事项。

① 蓄电池应存放在温度为 5~40℃ 的干燥、清洁及通风良好的场所。

② 应不受阳光直射，离热源（暖气设备等）不得少于 2m。

③ 应防止雨淋及灰尘等杂质，避免外部短路放电。

④ 不得倒置及卧放，避免受任何机械冲击或重压。

⑤ 蓄电池必须充足电贮存，不能亏电贮存。

⑥ 蓄电池放置时避免倾斜，严禁倒置及磕碰。

⑦ 每 3 个月应对电池电压检查一次，当电压低于 12.5V 时，应该及时补充电，避免长期贮存后充电困难，影响蓄电池寿命。

⑧ 电池使用或存放时，应经常检查排气孔是否畅通，以防电池变形或炸裂。

⑨ 充、放电过程中，应保证环境通风良好，排除酸雾及充电过程中产生的可燃气体，使室内空气较为新鲜，以减少酸性分子对人员和设备的侵蚀，并避免可燃气体引燃。

⑩ 经常检查蓄电池盖板上的荷电密度计的颜色，并根据颜色进行保养、维护和更换。

（3）充电方式。通常充电种类有恒流充电、恒压限流充电等，对于免维护电池建议采用恒压限流充电。

① 恒流充电：以 0.1C20A 电流即 12A 电流充电至蓄电池电压为 16V 后，改用 0.05C20A 电流即 6A 电流再继续充电。当蓄电池电压连续稳定 1~2h 不变时充电结束（两次电压的差值< 0.03V），或者充电至蓄电池电压达到 16V 后继续改用 6A 电流充电 3~5h，充电结束。

② 恒压充电：恒压 14.8~15.5V，最大电流不能超过 0.25C20A，即 30A，当充电电流≤0.5A 后继续充电 3h 即可，总充电时间控制在 24h 内。

2. 行驶制动器油箱的检查和维护

行驶制动器油箱设置于机罩支架的右侧，正常时制动液面应高出中间凸台 10~15mm，当低于此值时应找出漏油原因并排除，然后补充加油。

3. 液压转向油箱的检查和维护

液压转向油箱设置于发动机上端。打开油箱盖（带油尺）观察油尺上是否有油痕，如无油痕，说明转向油箱内油量不足，应检查找出漏油原因，然后拆下油箱补充加油至油尺的中间刻线，再装回原位。检查时应系统查验液压转向油缸、油管及接头各处均不得漏油，否则易造成转向不灵，油箱内滤网应定期清洗或更换。

在检查油面时，应同时检查油箱盖上面中心位置的通气阀（如铆钉状）起落是否灵活，如有油污影响起落应清洗干净。

4. 油浴式空气滤清器的保养

打开滤清器下部搭钩，将底部油盆拆下，倒掉脏油，并用煤油或柴油清洗干净，同时，清洗滤芯，再加入新的机油至油面高度，然后重新安装好。

5. 干式空滤器的使用与保养

当空滤器堵塞报警灯亮时，必须对干式空气滤清器滤芯进行

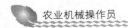

保养。

空气滤清器的保养间隔时间应根据所使用环境的灰尘情况进行维护保养。灰尘多时，推荐每班保养1次。

每天或在添加燃油时，应检查设备以确保所有空气滤清器和发动机之间相连接的接头都密封良好，包括所有软管接头和空气滤清器壳体的端盖。发现任何裂缝都应立即修复，并记录在机器维护保养记录中。

内置干式空气滤清器滤芯共分二级：一级滤芯和安全滤芯。在维护时，应小心拆卸一级滤芯，避免灰尘掉入滤清器壳体内。推荐每当一级滤芯更换次数达到3次时，应更换安全滤芯。如果安全滤芯看起来很干净，且不到更换日期，则不要松动碟型锁母，不要改变安全滤芯的安装状态。

当发现需要更换安全滤芯时，检查碟型锁母确保它处于紧固状态。此时，请先不要松动锁母。在仍装有旧安全滤芯的时候，清洗滤清器壳体，清除那些已从安全滤芯掉落在壳体内的灰尘。切勿使用压缩空气来清洗空气滤清器的壳体。

更换安全滤芯时，拆卸碟型锁母和垫片，小心地从壳体内取出滤芯。安装新的安全滤芯之前，用一块干净、潮湿的布擦拭安全滤芯的安装表面。

检查每个新滤清器，确保新滤清器的型号正确。检查滤清器的内外是否有裂/损褶痕、裂/损的衬里或损坏的垫圈。如果发现任何损坏，要丢掉受损件，安装新滤芯，并用垫片和碟型锁母紧固。确保新的滤清器橡胶垫圈安装在碟型锁母和滤芯之间，同时，确保安装了进气阻力指示器。

按照相反的顺序，重新组装空气滤清器。安装端盖，并在紧固卡箍或碟型锁母之前，确保端盖定位、落座准确。

6. 风扇胶带张紧度的调整

用大拇指下压风扇胶带中间部位，施加的力为29.4~49.0N，其下压距离为（15±3）mm，如不符合此要求，应进行调整，其方法为松开发电机调节支架上的固定螺母，向外侧扳动发电机，使胶带张紧，再拧紧发电机支架上的固定螺母。

7. 发动机油底壳油量的检查及换油

拔出位于发动机油底壳左前方的油尺，检查油面高度是否在上下刻线之间。若油面达不到下刻线，则应取下发动机正时齿轮室盖上的加油口盖进行加油。

在保养换油时，应拧下油底壳下部的放油螺塞，放尽脏油并清洗干净，然后重新加注新油。

8. 前桥的保护

按维护保养要求对主销套管、前桥中央摆销套管、转向油缸两端球形接头及横拉杆球头处加注润滑脂，检查横拉杆球销螺母及油缸两端销钉螺母是否松动。

9. 燃油滤清器的保养

发动机采用2级滤清器串联。纸质滤芯不允许清洗，磨合期结束后发动机每工作200h后更换第1级滤芯。更换时可将第2级滤芯装在第1级内，在第2级内换上新滤芯。

10. 旋装式机油滤清器的保养

旋装式机油滤清器位于发动机左下侧，磨合期结束后发动机每工作200h后应按技术要求更换。

旋装式机油滤清器采用整体更换，安装时必须拧紧。

11. 液压滤油器的保养

提升器液压吸油滤清器位于发动机右侧下方。保养按技术要求进行。方法如下：旋开液压滤清器后端盖，取出网式滤芯，用汽油清洗干净并用压缩空气吹净。当滤芯难以清洗干净或损坏时，应更换新滤芯。回油滤清器位于提升器壳体左侧，每工作200h应进行清洗，当滤芯难以清洗干净或损坏时，应更换新滤芯。

12. 前驱动桥末端传动油面检查

前驱动桥末端传动油面检查螺塞位于前轮毂，使螺塞口处于水平位置，加注新机油至螺塞口。

13. 前驱动桥主销的润滑

前驱动桥中间摆轴两端各有 1 个油杯，要定期加注润滑脂，一般每工作 50h 加注 1 次。

14. 传动系的保养

检查油面时，要将拖拉机停放在水平地面上，将发动机熄火，拧出位于后桥壳体左后侧的油尺，擦拭干净，然后插入油尺。如果油面低于油尺的下刻线，应补加传动油至油尺上下刻线之间（应在加机油 5min 后测量）。更换润滑油时，卸掉位于传动箱底部的放油螺塞，放尽脏油，并用柴油清洗，然后把放油螺塞拧紧，加注新机油。

15. 提升器的保养

将拖拉机停放在水平地面上，将提升臂下降至最低位置，发动机熄火，拧下提升器上盖上的油尺，检查油面高度，如果低于下刻线应补充加油至上下刻线之间。更换液压油时应将螺塞卸掉放尽脏油，清洗干净后，按要求加注新机油。

16. 燃油箱的保养

将拖拉机停放在水平地面上，发动机熄火，卸掉燃油箱下面的放油螺塞，放出油箱底部的沉积物。

油箱具有贮存油料、沉淀水分和杂质的作用，使用中应定期进行清洗，清除污物。

17. 发动机冷却系统的保养

发动机用冷却液可以是煮沸的自来水，也可以是防冻液。防冻液的有效期为 2 年，超过此期限应更换并冲洗冷却系统，然后再加入新的防冻液。

（1）散热器的使用注意事项。

① 启动前，首先检查散热器中冷却水是否已经加满，有无漏水。散热器盖是否扣紧。

② 经常检查散热器芯体部位有无杂草、灰尘、油污等堵塞，并进行清除。

③ 定期清除冷却系统中的水垢，以保证换热表面的散热作用。

④ 按时检查节温器性能是否良好，否则，会影响冷却水的循环，而降低冷却效果。

（2）冷却系统的清洗。散热器外部清洗，清洗之前先将杂草、杂物进行清除，再用温水（或水蒸气）将芯体进行湿润后，再用压缩空气将其吹干。

拆下清洗时，采用洗涤剂浸洗，使用浓度为 1%~2% 比例水溶液浸泡。液温在 80~100℃，散热器在溶液中不断摇动，使脏污易于脱落，然后用清水冲洗干净。

（3）冷却系统水垢的清洗。在保养前一班，以每 10L 水中加 750g 苛性钠和 150g 煤油比例的溶液加满冷却系统。发动机以中速运转 5~10min，将溶液停留 10~12h，然后重新启动发动机以中速运转 20min 后，停机放出清洗液。待发动机冷却后把水管插入水箱进行冲洗，这时应将水箱底部的放水阀打开。清洗后关上放水阀，并加水让发动机运转数分钟后再把水放尽。待发动机冷却后，再按规定添加新的防冻液或冷却水。

（4）注意事项。

① 在冬季，应根据气温条件经常检查防冻液的浓度，如不合适就要立即恢复正常浓度。对于未使用防冻液的拖拉机待水温下降至 70℃ 以下时，在发动机怠速运转情况下应把水放尽，以免冷却水结冰将机体冻裂。

② 为了防止散热器芯子的水管内部堵塞以及产生水垢的现象，一定要使用正规厂家生产的防冻液。

③ 散热器不得与任何酸、碱或其他腐蚀性物质接触，以免腐蚀散热器。

④ 散热器安装、清洗时注意防止损坏散热带和碰伤散热管。

18. 各种呼吸器的维护保养

拖拉机停机后，将各种呼吸器逐个拆下，用干净的柴油清洗，清洗后再装回车上，装配时注意排除油路中的空气。

（二）技术保养

在机器正常使用期间，经过一定的时间间隔采取的检查、清洗、添加、调整、紧固、润滑和修复等技术性措施的总和称为技术保养，这个间隔就称为保养周期。把保养周期、保养周期的计量单位以及保养内容用条例的形式固定下来就叫保养规程。每一种型号的拖拉机都有自己的保养规程，由拖拉机制造企业制订并写在使用说明书里。

目前，技术保养可分为：日常保养、一级保养、二级保养和三级保养。

1. 日常保养

驾驶员在每次出车前要对机车进行全面、细致的检查。包括柴油、机油、液压油、制动液及冷却水等是否加足，有无渗漏的情况；检查整个轮胎气压是否正常；发动机启动后，在不同转速下工作是否正常；查看仪表、灯光、喇叭、雨刷器、指示灯是否正常；检查各连接部件是否紧固；查看蓄电池接线柱干净与否、接线是否紧固；查看随车所用修理工具是否配齐。另外重要一点就是，出车前在发动机启动后，以怠速的状态自行运转 4~6min，好让润滑油在升温后充分进入到各个运行部件中，同时测试离合器、制动器及转向器是否运用自如。驾驶员在行驶中要随时注意观察各个仪表的指示情况，倾听发动机声音与机车底盘的工作状况；在沿途停车时随时查看轮毂、制动鼓、变速箱及后桥的温度是否有异常；查看传动轴、钢板弹簧、轮胎的状态和紧固及磨损情况。停车后必要时要及时清洁车辆，并认真细致地检查一遍各连接紧固件是否有松动、脱落的现象发生。如发现及时进行紧固或补换。离开时断掉电源。如果是在冬季寒冷的室外，不要忘记放掉冷却水。

2. 一级保养

拖拉机每工作 10~12h 就要进行一定的保养。其中，包括将空气滤清器集尘盒里的尘埃和进气管周围的泥土清除干净；查看蓄电池内的电解液是否需要补充，接线处是否有泥垢需要清除，并对导线接头实施紧固；检查清除发动机与启动机电刷及整流子上的污垢；查看喷油泵调速系统中的油位是否正常；检查方向盘自由行程、转向器间隙、制动器蹄片间隙、制动总泵等有无异常；查看各主要部件的紧固情况并进行适当调整；查看各部是否有漏油、漏水和漏气的情况，如发现立即进行修复；查看各轮胎气压有无异常，并进行及时调整；查看全车所有各润滑部位，并及时进行注油润滑。

3. 二级保养

按规定要求，拖拉机使用工作 5~7d 就要进行 1 次必要的技术保养。二级保养的主要内容是：将空气滤清器的油盘取下，然后取出滤芯并用干净的柴油将滤芯内污垢仔细清洗，再用压缩空气吹干吹净，同时，更换油盘内的机油；查看风扇胶带的紧固程度，如紧固度不够，可调整电机上的紧固螺栓，如需要可更换新的风扇胶带；将蓄电池彻底擦净，并清除净极柱上存留的氧化物，疏通通气孔，电解液不足及时补充；检查并正确调整发动机气门间隙及离合器分离杠杆与分离轴承的端面间隙；检查油封的密封情况，需要更换的及时更换；检查轮胎的磨损状况，最好将各车轮的位置进行重新调换；将各个部位的润滑点进行 1 次全面的注入。

4. 三级保养

一般情况下，拖拉机在工作 1 个月左右后，就要进行 1 次三级技术保养。其主要内容包括：详细检查连杆轴承与曲轴轴承的径向间隙以及曲轴的轴向间隙，并进行必要的调整；彻底检查清洗活塞与活塞环以及气缸的磨损状况，有问题及时更换；仔细检查传动轴、万向节、前轴及后桥等部位是否有较为严重的磨损或有无裂纹，如发现马上处理或更换；检查各齿轮啮合状况以及磨损程度，同时，调整主传动的综合间隙；检查并调整发动机调节器及大灯光束；查看变速箱和后桥壳内油位，并进行必要的补充；检查清洗润滑系统及时放出机器底壳机油；清洗柴油滤清器，并更换其滤芯；检查离合器和制动器的踏板自由行程是否正常；检查整个电气设备是否完好无损，工作是否正常。

（三）四季保养

1. 春季保养

春天，开始备耕生产，拖拉机也将投入到生产之中。由于拖拉机在冬季放置时间较长，作业前应进行 1 次全面的维护和保养，才能保证拖拉机的正常工作。

（1）清除拖拉机各处的泥土、灰尘、油污。检查各排气孔是否畅通，如有堵塞将其疏通。

（2）检查各处零部件是否松动，特别是行走部分及各易松动部位要重新加固。

（3）检查转向、离合、制动等操纵装置及灯光是否可靠，检查三角皮带的张紧度是否合适。

（4）清洗柴油箱滤网、清洗（或更换）柴油滤清器，保养空气滤清器。

（5）检查发动机、底牌等各处有无异常现象和不正常的响声，有无过热、漏油、漏水等现象，并及时排除。

（6）更换与气温相适宜的机油和齿轮油，同时清洗机油机滤器，更换机油滤芯。放油时要趁热放净，最好用柴油清洗油底壳、油道和齿轮箱。

（7）检查气门间隙、供油时间、喷油质量，不合适时应调整。

（8）启动发动机使拖拉机工作，再全面检查各部分的工作情况，发现问题及时排除，必要时进行修理。

2. 夏季保养

（1）夏季避免拖拉机长时间暴晒或雨淋。未作业和暂时闲置的拖拉机应停放在干燥通风处，否则机体会因风吹雨淋、太阳暴晒造成油漆面失去光泽，甚至起泡、脱落。长时间暴晒还会导致轮胎老化，甚至发生破裂，缩短使用寿命。

（2）充气不宜过多。夏季轮胎充气过多时，气体受热膨胀易导致内胎破裂，因此，夏季轮胎的充气压力最好低于规定值的2%~3%。

（3）及时更换润滑油。夏季应换用黏度较大的润滑油。

（4）热车不可骤加凉水。夏季作业时，冷却系统开始强制循环，冷却系统中的冷却水消耗较快，在作业中应注意多检查水位，不足时应及时添加清洁的冷却水。当水温超过95℃时要停车卸载，不可立即熄火停止发动机运行，可用发动机空转的方法降温。在机车运行过程中，如果遇到水箱沸腾或需要加水时，不能骤加冷水，以防气缸盖和气缸套爆裂，此时应停止作业，待水温降低后再适当添加清洁软水。

（5）及时清洗冷却系统，防止漏水。夏季到来之前，要对冷却系统进行1次彻底的除垢清洁工作，使水泵、散热器和水管保持畅通，保证冷却水的正常循环。可按1L水加75~80g碱水的比例加满冷却系统，让发动机工作10h后全部放出，并用清洁水冲洗干净。此外，还要将黏附在散热器表面的杂草及时清除干净。

（6）保持蓄电池通气孔畅通。通用蓄电池在使用中会生成氢气或氧气，这些气体在高温下膨胀，如果通气孔堵塞，会引起电瓶破裂，故要经常进行检查，保持蓄电池通气孔畅通。

3. 冬季保养

冬季农闲时，对拖拉机进行保养与维护是预防来年农忙中发生故障的重要措施之一，应彻底检修1次，以使拖拉机的技术状态达到良好的标准。

（1）把损坏的零部件进行更换，把需调整的项目加以调整，把该清洗的彻底清洗；做到零部件齐全、完整，调整正确，润滑良好；发动机输出功率、油耗及转速符合规定要求；电器设备正常工作，不漏电，不打铁；附属装置、液压系统工作可靠，操纵灵活无异常。

（2）冬季轮胎气压应比夏季高5%左右，避免行驶中的滚动阻力过大，增加油耗。

（3）未加防冻液的拖拉机，气温在0℃及其以下时，夜间停车和长时间熄火停放时应将发动机内冷却水放尽；同时，在放水时不能离人，防止放水阀因杂质而堵塞，因水的反常膨胀而冻裂机体。

（4）在冰雪道路上行车，要注意防滑，拖拉机应使用花纹较深的轮胎，必要时装防滑链，车速要慢，不急打方向盘，看到障碍物早刹车。会车时要注意安全，尽量避免超车。

模块四　耕整地机械的使用和保养

耕整地是农业生产中的一个基本环节，科学地使用耕整地机械，不仅能提高效率，而且可为播种、收获等项作业的机械化打下良好的基础。耕整地机械包括耕地机械和整地机械。耕地机械是翻转和疏松耕作层，破碎土块，将地面的杂草、残根、农药、肥料、土壤改良剂和病菌、虫卵等翻入下层；整地机械是进一步破碎土块、疏松表层、平整地面、防旱保墒、覆盖肥料和杂草等。

一、铧式犁的使用

（一）铧式犁的基本结构

犁是农业生产中最基本的工具之一，其中铧式犁是目前使用最广、数量最大的传统耕地机械。铧式犁由工作部件和辅助部件两大部分组成。其中，工作部件包括主犁体、小前犁、犁刀和深松铲等，辅助部件包括犁架、犁轮、牵引或悬挂装置、起落、换向、耕深和水平调节机构等。常见的铧式犁有牵引式、悬挂式2种。

1. 牵引犁

牵引犁由拖拉机牵引前进，工作时由起落机构使犁架降落，工作部件入土，耕翻土壤（图4-1）。运输及地头转弯时，通过起落机构使犁架升起，工作部件出土离开地面，犁由犁轮支承，随拖拉机行进。

牵引犁工作稳定，作业质量较好，但结构复杂，质量大，机组转弯半径大，机动性较差，多用于大型、多铧、宽幅的条件，适用于大地块作业。

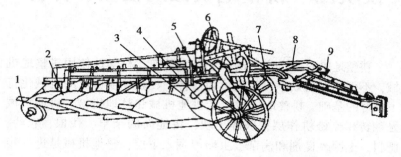

图 4-1　牵引犁结构图
1. 尾轮；2. 主犁体；3. 圆犁刀；4. 小前犁；5. 沟轮；6. 起落调节机构；
7. 地轮；8. 犁架；9. 牵引装置

2. 悬挂犁

悬挂犁的工作部件装在犁架上，犁架通过悬挂装置与拖拉机联结，由拖拉机液压机构操纵（图4-2）。工作时犁架降落，工作部件入土；运输及地头转弯时，整个犁升起离开地面，悬挂在拖拉机上。

悬挂犁具有结构简单、质量小、操作灵活、机动性好的优点，但整个机组的纵向稳定性较差，如果犁体过重，易使拖拉机前端抬起，因而大型悬挂犁的发展受到限制。适用于中小地块作业。

3. 半悬挂犁

半悬挂犁是在悬挂犁基础上发展起来的。它所配的犁体较宽，纵向长度大，解决了悬挂犁纵向操作不稳定的问题。半悬挂犁（图4-3）的前部像悬挂犁。但本身还具有轮子，以便在运输和地头转弯时承受机具的部分重量，减轻拖拉机悬挂装置所需的

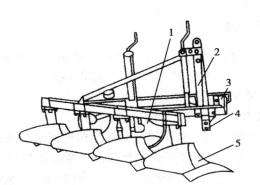

图4-2　悬挂犁结构图

1. 限深轮；2. 悬挂架；3. 犁架；4. 悬挂轴；5. 主犁体

提升力。半悬挂犁的优点介于牵引犁与悬挂犁之间，它比牵引犁机动灵活，转弯半径小；比悬挂犁能配置更多犁体，稳定性、操作性好。

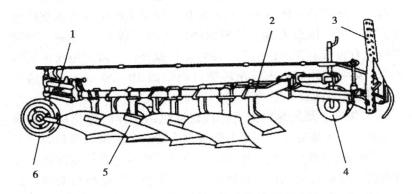

图4-3　半悬挂犁结构图

1. 液压油缸；2. 机架；3. 悬挂架；4. 地轮；5. 犁体；6. 限深尾轮

（二）铧式犁的安装

犁具出厂时，根据运输方便及用户要求，有的是总装出厂，有的是部装出厂。当以部装出厂时，用户必须了解犁的构造及装配要求，按装配图进行装配。

1. 安装方法与步骤

（1）主犁体安装。将犁铧、犁壁等构件安装在犁柱上，即组成单个犁体。安装后犁体工作面要光滑，犁铧和犁壁的接缝应严密（缝隙不大于1mm），犁壁不应高过犁铧2mm；埋头螺钉不得超过工作面，但下凹也不应超过1mm。犁铧、犁壁和犁托的接合应紧密，以免犁曲面变形，局部间隙不应大于3mm，如果大于3mm应校正或加垫。滚垡型犁体的犁铧和犁壁构成的胫刃应在同一平面内，如有偏斜，只允许犁铧超出犁壁，但也不应大于3mm。

（2）第一犁体的安装。

① 横向：一般轮式耕地机组工作时，拖拉机的右轮走在犁沟内。为使第一犁体与上一行程衔接。保证不产生漏耕或重耕现象，第一犁体铧刃末端至后轮内侧的距离一般为1~2cm。履带拖拉机右履带走在未耕地上，除保证耕宽外，还需避免履带压塌沟墙。第一犁体铧刃末端至履带外侧距离10~20cm（该数值与土壤性状有关）。

② 纵向：犁的纵向配置，应保证机组工作时拖拉机后轮缘不妨碍第一犁体翻土，当犁升降或地头转弯产生横向摆动时，不得和拖拉机相碰。在此前提下，应使每一铧尽量靠近拖拉机，以改善机组纵向稳定性和缩短地头长度。第一铧与拖拉机的最小距离，北方系列悬架犁耕机组为300~500mm，履带犁耕机组为450~700mm。

（3）小前犁的配置。小前犁铧尖与主犁体铧尖的纵向距离，应保证土垡翻转不受干扰，一般不小于25~30cm。在横垂投影面上，小前犁胫刃线比主犁体胫刃线向未耕地突出 1cm，以防沟墙塌落。

（4）圆犁刀的配置。圆犁刀的中心垂线与小前犁体铧尖的纵向距离为 0~3cm，不带小前犁时与主犁体铧尖纵向距离为 0~3cm，圆犁刀下缘低于小前犁铧刃 2~4cm。在横垂面上，犁刀的切割线与犁体胫刃线的距离 1~2.5cm，以保持沟墙整洁。

（5）犁梁高度的调整。犁梁高度为犁梁底面至犁底支持面的距离，应保证在犁梁下的土垡顺利翻转，不产生堵土、堵草现象。

（6）限深轮的安装。限深轮用来控制耕深，它对犁的受力平衡和耕深稳定性有很大影响。限深轮的配置应有利于耕深稳定，对地表仿形，不妨碍土垡翻转和植被通过。悬挂犁的限深轮位置纵向配置在中间犁体附近，横向配置在犁纵梁左侧。

2. 安装的注意事项

（1）安装调节机构必须加注黄油，使其转动灵活。

（2）安装拐轴时，注意拐轴两端伸出部分要基本相等。

（3）装配后对照零件目录和结构介绍检查各零件有否误装及漏装。

（4）安装完成后要检查犁柱顶板与主梁底面是否紧密贴合，注意"U"形螺栓不得有单边偏紧现象。

（三）铧式犁的田间作业

1. 开墒

在未耕地上耕第一犁叫做开墒。如果以全耕深耕第一犁，由于没有犁沟容纳第一犁翻落的土垡，就会使土垡翻转不完全，并高出地表形成垄台，不便于以后作业。因此，一般在开墒时，将沟轮调到半耕深，使前铧耕深为尾铧耕深的一半。这样可以减小垄台和提高翻垡质量。悬挂犁上，可将限深轮调到全耕深位置，而将右升降杆调整到半耕深位置。耕第二犁时，再将机架调节成水平，进行正常作业。

2. 机组行走方法

耕地常用的行走方法有如下几种。

（1）内翻法。机组在耕区中线左侧耕第一犁，到地头起犁后，按顺时针方向进行环节转弯。紧靠第一犁返回耕第二犁，依次循环耕作。这样在耕区中间成闭垄，土堡向地中线翻转，因此，内翻法也叫闭垄耕翻法或向心耕翻法。

（2）外翻法。机组在耕区右侧地边入犁，耕到地头向左转至耕区左边返回耕第二犁，然后又到耕区右侧耕第三犁，如此循环工作，最后在耕区中间形成开垄，土堡由中心向两侧翻转，因此，又称为开垄耕翻法或离心耕翻法。

（3）套耕法。

① 双区套耕：将耕区划为两个小区。先用外翻法耕第一区，耕至中间剩下的宽度不能作无环节转弯时，仍用外翻法耕第二区，耕到不能作无环节转弯时，再把两区剩下的蕊条，用外翻法套耕。

② 外内翻套耕：把耕区划为 4 个小区。由第三区右侧入犁，从一区左侧回犁，把一区、三区用外翻法耕完，再用内翻法耕第二、第四区。

套耕的优点是减少开闭垄，提高作业质量，避免机组进行环节转弯，便于操作，缩短地头。

（4）梯形地块耕法。耕地前根据地块形状找出中心线。耕地时先从较宽一头的中心开墒，进行内翻，不耕到头就回耕，回耕次数由地块两边宽度差和犁的幅宽决定，直耕到中心线两边未耕地都成等宽平行四边形时，就可一直耕到头，逐步将剩余地块耕完。

（5）三角形地块耕法。三角形地块也可采用与梯形地块相同的耕法。如三角地块过小，机组回转不方便，则可采用倒车单行耕作。

3. 地头耕法

耕地前，为使地头整齐，可先在地块两头距地边一定距离处各横向耕一条地头线，作为起、落犁的标志，地头宽度应根据机组长度确定。

区内耕的结束后再耕地头。地头耕翻方法一般有 3 种。

（1）单独外翻法。把地头当做一块耕地，用外翻法耕完。

（2）单独内翻法。把地头当做一块耕地，用内翻法耕完。

（3）联耕法。根据机组地头回转时需要的宽度，除留出地头外，在耕区两侧边留出相同的宽度，在耕完主要耕区后，绕已耕地将地头及两侧留下的未耕地一起回转耕翻（四角起犁）。用这种方法能达到内耕接垄，外耕到边，耕后地面平整的要求。

二、旋耕机的使用

旋耕机是一种由动力驱动的旋转式耕作机具，主要用于水田、菜园、黏重土壤和季节性强的浅耕灭茬，在播种整地作业中得到广泛的应用。其切土、碎土能力强，耕后地表平整、松软，但覆盖质量差。在我国南方地区多用于秋耕稻田种麦、水稻插秧前的水耕水耙。它对土壤湿度的适应范围较大，凡拖拉机能进入的水田都可以耕作。在我国北方地区大量用于铲茬还田、破碎土壤的作业。另外，还适应于盐碱地的浅层耕作、荒地灭茬除草、牧场草地浅耕再生等作业。

（一）旋耕机的基本结构

1. 旋耕机的种类

（1）按与拖拉机的挂接方式分类。可分为悬挂式、直接连接式和牵引式 3 种。

① 悬挂式旋耕机：连接方式与悬挂犁相同，动力通过万向节轴传来，经过传动装置带动刀轴旋转。优点是连接方便，能与多种拖拉机配套，但应注意升起高度不宜过大，不然会使万向节轴因倾角过大而提早损坏。

② 直接连接式旋耕机：将中间传动的外壳用螺钉直接固定在拖拉机的后桥壳上。升降时中间齿轮箱和主梁不动，仅工作部件绕主梁转动而升降，它的纵向尺寸较紧凑，省去了万向节，操作不受万向节倾角的限制，但只能与某种拖拉机配套，挂接也不方便。

③ 牵引式旋耕机：利用牵引装置与拖拉机相连，结构复杂，运转也不灵活，已不采用。

（2）按传动位置分类。可分为中间传动和侧边传动 2 种。

① 中间传动式旋耕机：刀轴所需动力由中间传来，刀轴左右受力均匀，但刀轴结构复杂，中间还应设一刀体补漏，如 1GN-200 型旋耕机。

② 侧边传动式旋耕机：刀轴所需动力由左侧传来，它除刀轴受力和整机重量分布稍不均匀外，其余都比中间传动式好，故定为基本型式（型号中没有 N），如 1G-150 型旋耕机。

（3）按传动方式分类。可分为齿轮传动和链条—齿轮传动 2 种。

① 齿轮传动旋耕机：零件多、结构复杂，但传动可靠，故采用较多，定为基本型式，如 1G-150 型旋耕机。

② 链条—齿轮传动旋耕机：刀轴和中间齿轮箱间采用链条，可省去 2 个中间齿轮和轴承等，结构简单，但使用不当时，易发生故障，如 1GL-150 型旋耕机。

2. 旋耕机的结构

旋耕机由机架、传动部分、旋耕刀轴、刀片、耕深调节装置、罩壳和拖板等组成。

（1）机架。机架是旋耕机的骨架，由左、右主梁，中间齿轮箱，侧边传动箱和侧板等组成，主梁的中部前方装有悬挂架，下方安装刀轴，后部安装机罩和拖板。

（2）传动部分。传动部分由万向节传动轴、中间齿轮箱和侧传动箱组成。拖拉机动力输出轴的动力经万向节传动轴传给中间齿轮箱，然后经侧传动箱传往刀轴，驱动刀轴旋转。

万向节轴是将拖拉机动力传给旋耕机的传动件。它能适应旋耕机的升降及左右摆动的变化。

（3）工作部分。旋耕机的工作部分由刀轴、刀座和刀片等组成。

刀轴用无缝钢管制成，两端焊有轴头，用来和左、右支臂相连接。刀轴上焊有刀座或刀盘。刀座按螺旋线排列焊在刀轴上以供安装刀片；刀盘上沿外周有间距相等的孔位。根据农业技术要求安装刀片。刀片用 65 号锰钢锻造而成，要求刃口锋利，形状正确，刀片通过刀柄插在刀座中，再用螺钉等固紧，从而形成一个完整刀辊。

旋耕刀片是旋耕机的主要工作部件。刀片的形式有多种，常用的有凿形刀、弯刀、直角刀等。

① 凿形刀：刀片的正面为较窄的凿形刃口，工作时主要靠凿形刃口冲击破土，对土壤进行凿切，入土和松土能力强。功率消耗较少，但易缠草，适用于无杂草的熟地耕作。凿形刀有刚性和弹性两种，弹性凿形刀适用于土质较硬的地，在潮湿黏重土壤中耕作时漏耕严重。

② 弯形刀片：正面切削刃口较宽，正面刀刃和侧面刀刃都有切削作用，侧刃为弧形刀刃，有滑动作用，不易缠草，有较好的松土和抛翻能力，但消耗功率较大，适应性强，应用较广。弯刀有左、右之分，在刀轴上搭配安装。

③ 直角刀：刀刃平直，由侧切刃和正切刃组成，两刃相交

约 90°。它的刀身较宽，刚性较好，具有较好的切土能力，适于在旱地和松软的熟地上作业。

（4）辅助部件。旋耕机辅助部件由悬挂架、挡泥罩、拖板和支撑杆等组成。悬挂架与悬挂犁上悬挂架相似，挡泥罩制成弧形，固定在刀轴和刀片旋转部件的上方，挡住刀片抛起的土块，起防护和进一步破碎土块的作用。拖板前端铰接在挡泥罩上，后端用链条挂在悬挂架上，拖板的高度可以用链条调节。

（二）旋耕机刀片安装

根据不同农业技术要求，旋耕机刀片一般有交错安装、向外安装和向内安装 3 种（图 4-4）。

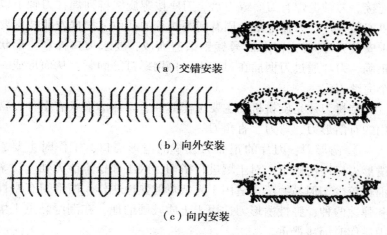

（a）交错安装

（b）向外安装

（c）向内安装

图 4-4　旋耕机刀片安装方法

交错安装：左右弯刀在刀轴上交错排列安装。耕后地表平整，适于耕后耙地或播前耕地，是常用的一种安装方法。

向外安装：刀轴左边装左弯刀片，右边则装右弯刀片，耕后中间有浅沟，适于拆畦或开沟作业。

内向安装：刀轴左侧全部安装右弯刀片，右侧则全部安装左弯刀片，耕后中间有隆起，适于筑畦或中间有沟的地方作业。

（三）旋耕机的田间作业

1. 旋耕机与拖拉机的连接

（1）与手扶拖拉机的连接。手扶拖拉机旋耕机是用螺栓固定在变速箱体的后面与拖拉机成一整体。安装时应先拆下固定在变速箱体上的牵引架，把旋耕机固定到变速箱体上，注意对准接合平面上的2个定位销。当传动齿轮啮合不上时，不要硬装，此时稍转动旋耕机刀轴，即可合上。

（2）与拖拉机的悬挂连接。安装步骤如下。

①拖拉机向后倒车与旋耕机的左、右悬挂销连接。

②安装上拉杆。

③安装万向节。安装时注意万向节方轴一端的夹叉开口和套的一端的夹叉开口必须在同一平面内，如果装错，工作时振动大，引起机件损坏。

连接完毕后，提升旋耕机使刀片稍离地面低速试运转，检查各部件是否正常，确认运转正常后方可正式作业。

（3）拖拉机轮距的调整。旋耕机工作时应使拖拉机轮子走在未耕地上，以免压实已耕地，故需调整轮距，使轮子位于旋耕机的工作幅内。

对于偏置式旋耕机，则拖拉机一侧的轮子应位于旋耕机工作幅内，作业时应注意行走方法，防止拖拉机另一侧的轮子压实已耕地。拖拉机换装水田叶轮带水旋耕时，因叶轮有搅动的作用可相应调大轮距，增加机组的稳定性。

2. 旋耕机的调整

（1）左右水平调整。将旋耕机降低至刀尖接近地面，视其左右刀尖离地高度是否一致。若不一致，应调节悬挂机构的提升杆长度。

（2）前后水平调整。旋耕机正常工作时，通过调节上拉杆长度，使旋耕机变速箱处于水平状态，此时万向节前端也接近水平。

（3）耕深调整。视拖拉机液压悬挂系统的型式而定。具有力、位调节方法的液压悬挂系统应使用位调节，禁止使用力调节。分置式液压悬挂系统应使用油缸上的定位卡箍调节耕深，当达到所需耕深时将定位卡箍固定在相应的位置上，工作时分配器操纵手柄处于"浮动"位置。

手扶拖拉机旋耕机的耕深调整是改变尾轮位置的高低。上下移动尾轮的外管，可在较大范围内调节耕深。尾轮外管位置固定合适后，旋转尾轮手柄可以少量调节耕深。

3. 行走方法

（1）梭形耕法。机组由地块一侧进入，一行紧接一行，往返耕作，最后耕地头。此法适于手扶拖拉机旋耕机组。

（2）套耕法。机组由地块的一侧进入，耕到地头后相隔3~5个工作幅返回，达一小区耕完后再耕下一小区。右侧偏置的旋耕机应从地块的右侧进入。

（3）回行耕法。机组从地块一侧进入，转圈耕作，转弯时应将旋耕机提离地面。右侧偏置的旋耕机应从地块的右侧进入。回行耕法适用于水田带水旋耕。

4. 操作注意事项

（1）拖拉机前进速度的大小影响碎土性能，当刀轴转速一定，增大拖拉机前进速度时碎土差；反之，则碎土好。同时还应注意防止拖拉机超负荷。一般情况下，水耕或耙地作业时，前进速度3~5km/h；旱耕作业，前进速度2~3km/h。

手扶拖拉机旋耕机的刀轴转速可以调整，除由刀轴变速杆改变刀轴转速外，还得通过刀轴传动箱内主、被动链轮的对换改变转速。

（2）旋耕机因受万向节传动时倾斜角的限制，地头转弯和在传动中提升旋耕机必须限制提升高度，一般刀片离地 15～20cm 即可。田间转移或过埂时，旋耕机需要升到最高位置，这时应停止万向节的传动。

（3）旋耕机开始工作时，应使刀片逐步入地，达到边起步边入土，禁止在机组起步前将旋耕机先入土或猛放入土，以免部件损坏。

（4）作业过程中不应有漏耕，可有少量重耕。

三、耕整地机械的维护和保养

（一）总体要求

对农机具的正确维护保养是提高作业质量、延长农机具使用寿命和减少田间作业时故障发生的有效措施，其维护保养的总体要求如下。

（1）耕整地机械使用过程中。必须严格按照使用说明书的要求进行操作，以保证机器能发挥最大的功效，并使机器经常处于良好的技术状态。

（2）每天作业结束后，要及时清除机器上的泥土，有条件时尽量停放在机库内。

（3）各个润滑处要及时加注润滑剂。

（4）耕整地机械在每个农业季节使用后，应检查全部零件，如有损坏或者严重磨损的应及时修理更换。

（5）耕整地机械停用后，应彻底擦干净，在非油漆表面上涂油，以防锈蚀，农机具必须平放在室内干燥通风处，上面勿压重物，以防机器变形，必要时加以支垫。

（二）犁的保养

犁是农业生产中最基本的工具之一，其主要功用是：翻转土层，把表层土壤翻埋下去，使耕层下部土壤翻上来，以恢复土壤肥力，改善土壤结构；覆盖植被，消灭杂草及病虫害；将作物残茬和肥料混合到土壤中，以保持并增加有机质；松碎土壤，增加孔隙度，使雨水易于渗入，空气得以流通，有利于作物根系的伸展、发育。犁的维护保养包括以下内容。

（1）随时清除黏附在犁体工作面、犁刃及限深轮上的泥土和缠草。

（2）每班工作结束后，应检查犁体及限深轮等零件的固定状态，拧紧所有松动的螺母。

（3）限深轮上各润滑点，每天要加注润滑脂 1~2 次。

（4）定期检查犁桦、犁壁、犁侧板等易磨损件的磨损情况，如超过规定要求应及时进行修理或更换。

（5）悬挂犁每工作 60~100h 及每季作业完毕后，应进行全面的技术状态检查，更换或修复磨损或变形的零件。

（6）长期存放不用时，应将整台犁清洗干净，垫高放好，停放在地势较高无积水的平地，犁体工作面和丝杆等外露部分涂上防锈油，并覆盖防雨材料，有条件的应将犁放进仓库内保管。

（三）旋耕机的保养

旋耕机是利用拖拉机动力输出轴驱动带动刀片的刀轴旋转和移动，对没有耕过的土地或已经犁过的田地进行碎土作业。它能将植被切碎并将其混合于整个耕作层内，也能将化肥、农药等混施于耕作层。经旋耕作业后碎土充分，地表平整，且减少作业工序，因而得到广泛应用。旋耕机的维护保养包括以下内容：

（1）每次作业前，应检查旋耕机各连接部分和紧固部分，检查各润滑处的润滑情况，清除积泥和油污。检查各部位插销、开口销有无缺损，必要时添补或更换新件，开口销不得用旧件或其他物代替。检查齿轮箱齿轮油油面，缺油时应添加到检查孔刚刚能流出为止，再拧紧检油螺塞。

（2）工作一段时间后，应检查润滑油质量，如已变质应及时更换。检查万向节磨损情况及有无因落入泥土而转动不灵活，必要时应拆开清洗并重新加黄油，检查刀片有无磨损和变形，必要时应拆下来重新锻打磨刃或更换。

（3）作业结束后，将旋耕机停放在干燥、通风的库房内。如放到室外，应将链轮箱、左侧板下垫以支撑，并用支撑架支起，使刀片离开地面，整机应加盖遮掩物，以防雨雪。

（4）每季工作结束后，要彻底清除旋耕机上的泥土及杂草，放出传动箱内的润滑油并清洗内部，按规定要求更换齿轮箱及链轮箱内的润滑油，并对各黄油嘴加注黄油，并将旋耕刀片涂上废机油或齿轮油，以防锈蚀。

（5）存放期间，万向节传动轴应拆下放置室内，垫高旋耕机使刀尖离地，弯刀应进行防锈处理，第一轴外露部分应涂油防锈，非工作表面剥落的油漆应按原色喷涂，以防锈蚀。

模块五　播种机的使用和保养

一、播种机的基本构造

（一）播种机的分类

播种机的类型很多，有多种分类方法。按播种方法可分为撒播机、条播机和穴播机；按播种的作物分有谷物播种机、棉花播种机、牧草播种机、蔬菜播种机。按联合作业可分为施肥播种机、旋耕播种机、铺膜播种机、播种中耕通用机。按牵引动力可分为畜力播种机、机引播种机、悬挂播种机、半悬挂播种机。按排种原理可分为气力式播种机和离心式播种机。

随着农业栽培技术、生物技术、机电一体化技术的发展，又出现了免耕播种机、多功能联合播种机等。

1. 条播机

条播机（图 5-1）主要用于谷物、蔬菜、牧草等小粒种子的播种作业，常用的有谷物条播机。

用于不同作物的条播机除采用不同类型的排种器和开沟器外，其结构基本相同，一般由机架、牵引或悬挂装置、种子箱、排种器、传动装置、输种管、开沟器、划行器、行走轮和覆土镇压装置等组成。其中，影响播种质量的主要是排种装置和开沟器。常用的排种器有槽轮式、离心式、磨盘式等类型。开沟器有锄铲式、靴式、滑刀式、单圆盘式和双圆盘式等类型。条播机能够一次完成开沟、排种、排肥、覆土、及镇压等工序。采用行走轮驱动排种（肥）器工作。作业时，由行走轮带动排种轮旋转，种子自种子箱内的种子杯按要求的播种量排入输种管，并经开沟器落入开好的沟槽内，然后由覆土镇压装置将种子覆盖压实。出苗后作物成平行等距的条行。

图 5-1 条播机

2. 穴播机

穴播机（图 5-2）是按一定行距和穴距，将种子成穴播种的种植机械。每穴可播 1 粒或数粒种子，分别称单粒精播或多粒穴播，主要用于玉米、棉花、甜菜、向日葵、豆类等中耕作物，又称中耕作物播种机。每个播种机单体可完成开沟、排种、覆土、镇压等整个作业过程。

穴播机主要由机架、种子箱、排种器、开沟器、覆土镇压装置等组成。机架由主横梁、行走轮、悬挂架构成，而种箱、排种器、开沟器、覆土器、镇压器等则构成播种单体。播种单体通过四杆仿形机构与主梁连接，可随地面起伏而上下仿形。单体数与播行数相等，每一单体上的排种器由行走轮或该单体的镇压轮驱

图 5-2 穴播机

动。调换链轮可调节穴距。

工作时，由行走轮通过传动链条带动排种轮旋转，排种器将种子箱内的种子成穴或单粒排出，通过输种管落入开沟器所开的种槽内，然后由覆土器覆土，最后镇压装置将种子覆盖压实。

穴播机主要工作部件是靠成穴器来实现种子的单粒或成穴摆放。目前，我国使用较广泛的穴播机是水平圆盘式、窝眼轮式和气力式穴播机。2BZ-6 型悬链式播种机，是国内较典型的入穴播式播种机，主要用于大粒种子的穴播。

3. 精密播种机

精密播种机（图 5-3）是以精确的播种量、株行距和深度进行播种的机械。具有节省种子，免除出苗后的间苗作业，使每株作物的营养面积均匀等优点。多为单粒穴播和精确控制每穴粒数的多粒穴播。一般在穴播机各类排种器的基础上改进而成。如改进窝眼轮排种器上孔型的形状和尺寸，使其只接受一粒种子并防止空穴；将排种器与开沟器直接连接或置于开沟器内以降低投种高度，控制种子下落速度，避免种子弹跳；在水平圆盘排种器上

加装垂直圆盘式投种器，以改变投种方向和降低投种高度，避免
种子位移；在双圆盘式开沟器上附装同位限深轮，以确保播种深
度稳定。多粒精密穴播机是在排种器与开沟器之间加设成穴机
构，使排种器排出的单粒种子在成穴机构内汇集成精确数量的种
子群，然后播入种沟。此外，还研制了一些新的结构，如使用事
先将单粒种子按一定间距固定的纸带播种，或使种子从一条垂直
回转运动的环形橡胶或塑料制种带孔排入种沟等。

图 5-3　精密播种机

目前，国内外播种玉米、大豆、甜菜、棉花等中耕作物的播
种机多数采用精密播种，即单粒点播和穴播。一般中耕作物精密
播种机的组成分为以下几部分。

（1）机架。多数为单梁式。各工作部件都安装其上，并支
撑整机。

（2）排种部件。种子箱和能达到精密播种的机械式或气力
式排种器，包括可调节的刮种器和推种器。

（3）排肥部件。包括排肥箱、排肥器、输肥管和施肥开
沟器。

（4）土壤工作部件及其仿形机构。包括开沟器、覆土器、仿形轮、镇压轮、压种轮及其连杆机构等。

有的精密播种机还配备施洒农药和除草剂的装置。

4. 铺膜播种机

铺膜播种机主要由铺膜机和播种机组合而成。按工艺特点可分为先铺膜后播种和先播种后铺膜两大类。该机由机架、开沟器、镇压辊（前）、展膜辊、压膜辊、圆盘覆土器（前）、穿孔播种装置、圆盘覆土器（后）、镇压辊（后）、膜卷架、施肥装置等组成。

作业时，肥料箱内的化肥由排肥器送入输肥管，经施肥开沟器施在种行的一侧，平土器将地表干土及土块推出种床外，并填平肥料沟，同时开出两条压膜小沟，由镇压辊将种床压平。塑料薄膜经展膜辊铺至种床上，由压膜辊将其横向拉紧，并使膜边压入两侧的小沟内。由覆土圆盘在膜边盖土。种子箱内种子经输种管进入穴播滚筒的种子分配箱，随穴播滚筒一起转动的取种圆盘通过种子分配箱时，从侧面接受种子进入取种盘的倾斜型孔，并经挡盘卸种后进入种道，随穴播滚筒转动而落入鸭嘴端部。当鸭嘴穿膜打孔达到下死点时，凸轮打开活动鸭嘴，使种子落入穴孔，鸭嘴出土后由弹簧使活动鸭嘴关闭。此时，后覆土圆盘翻起的碎土，小部分经锥形滤网进入覆土推送器，横向推送至穴行覆盖在穴孔上。其余大部分碎土压在膜边上。

5. 免耕播种机

免耕播种机是指播种前不单独进行土壤耕作直接在茬地上播种，作物生长期不进行土壤管理的耕作方法。用联合作业玉米免耕播种机一次完成切茬、开沟、喷药除草、播种、覆土多道工序。免耕播种机的多数部件均与传统播种机相同，不同的是由于未耕翻地土壤坚硬，地表还有残茬。因此，必须配置能切断残茬和破土开种沟的破茬部件。

免耕播种机具有下列优点。

（1）省去了耕地作业，节省了作业费，播种期提前，比常规平播提前 1~2d。若遇阴雨天，免耕更会体现争时的增产效应。

（2）免耕地块蓄水保墒能力强。由于地表有秸秆覆盖，土壤的水、肥、气、热可协调供给，干旱时土壤不易裂缝，雨后不易积水。与翻耕的比玉米生长快，苗情好。另外，肥料不易流失，产量也相应提高。

（3）抗倒伏性好。免耕农作物表层根量多，主根发达，加之原有土体结构未受到破坏，农作物根系与土壤固结能力强，所以玉米抗倒伏能力强。

6. 播种机与拖拉机连接

（1）拖拉机与播种机挂接时，机具中心应对正拖拉机中心，按要求的连接位置进行挂接，保证播种机的仿形性能。

（2）使用轮式拖拉机时，要根据不同作物的行距来调整拖拉机的轮距，使轮子走在行间，以免影响播种质量。

（3）拖拉机与播种机挂接后，应使机具工作时左右前后保持水平。调整拖拉机悬挂机构的提升杆可调整播种机左右水平，调整拖拉机悬挂中心拉杆，可调整播种机前后水平。播种作业中，应将拖拉机液压操纵杆放在"浮动"位置。

（4）悬挂播种机升起时，拖拉机如果有翘头现象，可在拖拉机前头保险杠加配重块，以增加拖拉机操纵稳定性。

（5）牵引两台以上播种机作业时，需用连接器。连接播科饥时，应使整个播种机组中心线对准拖拉机的中心线。

（二）播种机的构造

播种机类型很多，结构形式不尽相同，但其基本构成是相同的。播种机一般由排种器、开沟器、种子箱、输种管、地轮、传动机构、调节机构等组成（图 5-4），在施肥播种机上还有排肥

器、输肥管。

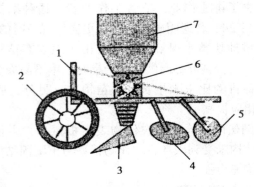

图 5-4　播种机的一般构造

1. 机架；2. 行走轮；3. 开沟器；4. 覆土器；5. 镇压轮；
6. 排种器；7. 种肥箱

1. 排种器

排种器是播种机的主要工作部件，其工作性能的好坏直接影响播种机的播种量、播种均匀性和伤种率等性能指标。常用排种器可分为条播和穴播两大类。条播排种器有外槽轮式、内槽轮式、锥面型孔盘式、匙式、磨纹盘式、离心式、摆杆式、刷式；穴播排种器有各种型孔盘式（水平、垂直、倾斜）、窝眼轮式、型孔带式、离心式、指夹式以及各种气力式（气吸式、气吹式及气送式等）。

2. 开沟器

开沟器也是播种机的重要工作部件之一，它的作用是在播种机工作时，开出种沟，引导种子和肥料入土并能覆盖种子和肥料。对开沟器的性能要求是：入土性能好，不缠草，开沟深度能在 20cm 内调节，以湿土覆盖种子，工作阻力小。

3. 播种机的辅助构件

（1）机架。用于支持整机及安装各种工作部件。一般用型钢焊接成框架式。

（2）传动和离合装置。通常用行走轮通过链轮、齿轮等驱动排种、排肥部件。链轮或齿轮一般均能调换安装，以改变排种、排肥传动比调节播种量或播肥量。各行排种器和排肥器均采用同轴传动。

（3）划印器。播种作业行程中按规定距离在机组旁边的地上划出一条沟痕，用来指示机组下一行程的行走路线，以保证准确的邻接行距。

（4）起落和深浅调节装置。

二、播种机的基本操作

（一）播种机的播前准备

（1）清除油污脏物，并将润滑部位注足润滑脂。紧固螺栓及连接部位，不得有松动、脱出现象，传动机构要可靠，链条张紧度要合适，拖拉机与播种机挂接要正确，开沟器工作正常。并进行空转试验，待各运转机构均正常后，方可开始工作。

（2）按播种要求调整有关部位，如播量、行距、播深等。

（3）检查种子和肥料，不得混有石块、铁钉、绳头等杂物，肥料不应有结块。

（4）播种前应组织好连片作业，预先把种子、肥料放在地头适当位置，以提高作业效率。

（5）检查仿形机构，地轮转动是否灵活，排种盘和排肥盘是否适合要求，覆土器角度是否满足覆土薄厚的要求。如果这些正常，可先找一块平坦田地试验，检查种肥的排量，如不妥，就应进行调整。

（二）正确操作播种机

1. 播种操作

（1）调整正常后，方可下地投入正常作业。播第一趟时要选好开播点，在视线范围内找好标志，力求一次开直，以便后期中耕管理。行走路线一般采用棱形法。在刚开始作业时，离地头2~3m处停下来，检查开沟的深度（根据墒情而定），如过深或过浅应调整。

（2）充分利用土地面积。播种时，驾驶员应按计划尽量将种子播近边、播到头，做到不留地头、不留大边，充分利用耕地面积。

（3）在开沟器入土状态下，机组不能倒退、不准急转弯。

2. 操作播种机的注意事项

（1）随时注意各机构的工作情况，如各传动机构工作是否正常，输种管下端是否保持在开沟器下种口内，种肥在排出中有否堵塞。肥料在箱内是否有架空，地轮有否黏土等。

（2）及时添加种肥，箱内种肥不少于1/4容积。

（3）及时清理种箱和肥箱。播完一种作物后，要及时清理种箱，严防种子混杂；同时，还应清理肥箱，防止化肥和农药腐蚀金属。

（4）作业中要经常用眼睛观察地轮是否运转自如，有没有捞爬现象。发现故障应及时排除。

（5）地头或田间停车后，为了避免漏播，可将播种机升起后退一定距离，然后再继续工作。但后退的距离不能过长或过短，过长会浪费时间和种子，过短会产生漏播。

（6）要及时清除开沟器前方拖带的杂草和残茬，以免造成断条、拖堆而缺苗。

（7）地里杂草多、茬子多的情况下，应把前支铲安装上，以便清除残茬，保证播种质量。播种速度应保持在 4~7km/h。

（8）播种完一个小区，要核实播种量，不符合播种要求时，要调整后再播种下一个小区。

（9）播后要在 12h 内及时镇压，以保持土壤中的水分和坚实程度，有利于种子发芽。

（10）种子和肥料必须经过筛选后方能使用，肥料要选择流动性较好的二铵、尿素等，这样能保证施肥均匀。

（11）使用悬挂式播种机，在提升或降落时，应在播种机行进中缓慢进行，以免造成机件损坏和开沟器堵塞。

（12）播种机转移地块或运输时，种子箱内不应装有种子，工作时再重新加入。

三、常见播种机的田间作业

（一）玉米播种机田间作业

1. 作业前准备

使用前首先要仔细阅读产品说明书并检查播种机上的相关零部件，对玉米播种机的各种性能要做到心中有数，避免发生机器故障。每次作业前都应检查播种机传动部位润滑油是否充足，零部件连接是否紧密，连接螺栓是否紧固，各转动部位是否灵活。在播种作业中若发现有声音异常情况，应立即进行停车检查，查看故障，进行必要的检修。

2. 挂接

播种机与拖拉机挂接后，机架不得倾斜，工作时应使机架前后呈水平状态。

3. 作业状态调整

按使用说明书的规定和农艺要求，将开沟器的行距、开沟覆

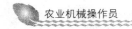

土镇压轮的深浅、播种量进行适当调整。

4. 种子加装

加入种子箱的种子，达到无小、秕、杂，以保证种子的有效性；种子箱的加种量至少要加到能盖住排种盒入口处，以保证排种流畅。

5. 试播

为保证播种质量，在进行大面积播种前，一定要坚持试播20m，观察播种机的工作情况。请农业技术人员、当地农民等检测会诊，确认符合当地的农艺要求后再进行大面积播种。

6. 播种顺序

先横播地头，以免将地头轧硬，造成播深太浅。

7. 作业路线

农机手选择作业行走路线，应保证加种和机械进出方便，播种时要注意匀速直线前行，不能忽快忽慢或中途停车，以免重播、漏播；为防止开沟器堵塞，播种机的升降要在行进中操作，倒退或转弯时应将播种机提起。

8. 作业监控

播种时经常观察排种器、开沟器、覆盖器以及传动机构的工作情况，如出现堵塞、黏土、缠草、种子覆盖不严等现象，及时予以排除。调整、修理、润滑或清理缠草等工作必须在停车后进行。

9. 种箱管理

作业时种子箱内的种子不得少于种子箱容积的 1/5；运输或转移地块时，种子箱内不得装有种子，更不能装其他重物。

10. 机件保护

玉米播种机工作时，严禁倒退或急转弯，玉米播种机的提升或降落应缓慢进行，以免损坏机件。

（二）小麦播种机田间作业

1. 播种机的检查与清理

播种机在工作前应及时向各注油点注油，保证运转零件充分润滑。丢失或损坏的零件要及时补充、更换和修复。注意不可向齿轮、链和链条上涂油，以免沾满泥土，增加磨损。

各排种轮工作长度相等，排量一致。播量调整机构灵活，不得有滑动和空移现象。

圆盘开沟器圆盘转动灵活，不得晃动，不与开沟器体相摩擦。

每班工作前后和工作中，应将各部位的泥土清理干净，特别注意清除传动系统上的泥土、油污。

每班结束后应将化肥箱内的肥料清扫干净，以免化肥腐蚀肥料箱和排肥部位。检查排种轴及排肥轴是否转动灵活。

每班作业后，应把播种机停放在干燥有遮盖的棚内。露天停放时，要将种肥箱盖严。停放时落下开沟器，放下支座将机体支稳，使播种机的机架上减少不必要的负荷。

2. 播种机的调整

（1）传动比的调整根据播种量的需要，通过更换链轮选择合适的传动比。

（2）播种量的调整通过改变排种轮的工作长度来实现。将播种量调节手柄左右转动可改变排种轮的工作长度，播量调节手柄拨至"0"的位置，各排种轮工作长度为0。如不正确，可松开该排种轮和阻塞套的挡箍一起移至正确位置，再将挡箍的端面紧贴排种轮和阻塞套固定紧。根据播量需要扳动调节手柄至相应的播量，并拧紧螺栓固定播量调节手柄。

（3）开沟器入土深度的调整开沟器是靠弹簧压力和自重入土的，弹簧压力越大，开沟器入土越深。应根据播种深度和土壤硬度改变弹簧的压力，调整合适的开沟深度。调整时，应使各弹簧的压力一致，使开沟器深度相等。

（4）排种舌的调整根据种子颗粒大小不同，适当调节排种舌的开度，大粒种子排种舌开度应大，反之应小，调整后固定排种舌的位置。

（5）行距的调整调整时，从主梁中心向两侧进行。行距以开沟器铲尖之间的距离为准。调整适当后拧紧螺栓。

（6）行数的调整。如需要少于播种机的行数时，应将多余的开沟器、输种管卸下，用盖种板在种箱底部盖住排种孔，再按需要适当调整行距即可。

3. 播种机的使用与操作

（1）播种机作业时尽量不要停车，以免种子堆积。

（2）作业中不得急转弯和倒退，地头空行和转弯时必须提起播种机。

（3）悬挂式播种机起步时应缓慢提速，轻轻落下播种机，以免损坏开沟器。

（4）注意观察种子箱，严防布条、绳头、石块、铁钉等杂物进入排种器。

（5）作业中应经常检查播种机排种口、输种管等是否堵塞，并加以清理。

（6）及时清理播种的机尘土、杂草等杂物。

（三）花生播种机田间作业

1. 播前准备

（1）田块准备。地块平整，无杂草，墒度适宜，施足底肥。

（2）种子准备。播种前要求对种子进行筛选均匀，种子清洁无杂物，饱满均匀，无破损，无秕子，干燥，以免影响播种质量。

（3）地膜准备。膜卷不要装得太紧，转动时略涩即可。肥料加入肥料箱前要清除杂物、无板结；膜卷装入挂膜架上，要调整膜辊转动阻力适宜。

（4）机具准备。保养好播种机，各轴承添加适量黄油，检查调整转动部件，保持转动灵活，检查紧固部分和穴播器，将花生分级，分别放入种箱，不可拌种、浸种。

2. 作业参数调整

（1）播深的调整。播深根据当地土壤类型和墒情确定，一般为3~6cm，通过改变拖拉机悬挂丝杠长度来调整。

（2）行距的调整。根据农艺作业要求，将播种机排种器的定位装置两边同时移动，一般为28cm左右。株距的调整，根据农艺作业要求和种子大小，更换排种盘，一般为12~15cm。

（3）配制药液，倒入药液筒。向筒内充气使气压达到规定值，更换药液时应先拧松筒盖放气，放完气后再打开盖加药；按灭草剂说明书要求加入灭草剂，将药筒加满水，拧紧桶盖，打开进气开关向桶内充气，气压到2km/cm²，试喷一下，看喷头有无堵塞。要将安全阀调到4km/cm²以内。将化肥装入肥箱，调整施肥量，肥料加入肥料箱前要清除杂物、无板结。

（4）起垄高度和宽度的调整。松开机架上固定起垄铲的装置，上下、左右移动铲子。注意左右铲要对称。

（5）驱动轮与地面应保持一定压力。压紧力可通过调整地轮压簧的压缩长度来调整。驱动轮前方的刮土板，与地轮之间的间隙不可调得过大。

（6）开沟入土深度的调节。将地角开沟器立杆与机架连接处卡板螺栓松开上下调整，两地角深度平衡后，调到合适位置，再拧紧螺母。

（7）播种量的调节。靠地轮轴与种轴不同齿轮配合完成的，应根据实际需要使地轮轴配合种轴不同齿轮，穴距调小时与齿少

的种轴齿轮配合，调大时与齿多的种轴齿轮配合。

3. 播种操作要点

（1）落下起落架，直到地轮可靠着地。工作前先将地膜拉出0.5m左右，并将地膜的顶端埋入土中再把地膜两侧用土压好。

（2）开始作业时，机组要对准、对正作业位置，膜头要用土压住、压紧，起步前打开药液开关。注意起步、起落应缓慢。机械工作时应保持直线和匀速前进，作业中不得拐弯，不得倒退，以保证播种和覆膜质量。

（3）工作中驾驶员应检查开沟、起垄、播种和覆土的质量，发现问题应停机检查。

（4）机具到地头转弯时，应留足地头用膜长度，以备人工补种和铺膜。

四、播种机的维护与保养

（一）日常保养

（1）每班作业结束后，应清除机器上的泥土、杂草，检查连接件的紧固情况，如有松动，应及时拧紧。

（2）检查各转动部件是否灵活，如不正常，应及时调整和排除。

（3）传动链等有摩擦的部位应加注相应的润滑油。

（4）每次工作结束后，要清空种箱和排种器内的种子。停机时，要落下播种机且要放平。

（二）入库保养

（1）彻底清理播种机各处泥土、杂草等，冲洗种、肥箱并晾干，涂防锈剂。

（2）播种机脱漆处应涂漆。损坏或丢失的零部件要修好或补齐，存放于通风干燥处，妥善保管。

（3）传动部分及润滑嘴均应清洗干净，各润滑部位均应加足润滑油，链轮、链条要涂油存放，对各弹簧应调整到不受力的自由状态。

（4）播种机上不要堆放其他物品。播种机应放在干燥、通风的库房内，如无条件，也可放在地势高且平坦处，用棚布加以遮盖。放置时，应将播种机垫平放稳。

（5）播种机在长期存放后，在下一季节播种开始之前，应提早进行维护检修。

模块六 水稻插秧机的使用和保养

一、水稻插秧机的基本构造

水稻插秧机是将水稻秧苗定植在水田中的种植机械，其功能是提高插秧的工效和栽插质量，实现合理密植，有利于后续作业的机械化。具有行距固定、株距、取秧量、插深可调，栽深一致，环境适应强，栽植速度高、插秧质量好等优点。

（一）水稻插秧机的分类

1. 按操作方式分类

插秧机可分为步行式插秧机和乘坐式插秧机两大类，在乘坐式插秧机中，根据栽插机构的不同形式，按照插秧作业效率可将插秧机分为普通型与高速型。乘坐式插秧机可增加施肥、铺纸、施药、免耕部件，实现复合作业。见图6-1、图6-2，分别为久保田2ZS-4（SPW-48C）步行式插秧机和2ZGQ-8D（NSPU-88C25）乘坐式高速插秧机。

2. 按栽插机构分类

插秧机可分为曲柄连杆式与双排回转式两类。曲柄连杆式被用于手扶式及普通乘坐式上，高速插秧机均采用双排回转式插秧机构。

3. 按栽插行数分类

插秧机可分为步进式2行、4行、6行和乘坐式4行、6行、

图 6-1 久保田 2ZS-4（SPW-48C）步行式插秧机

图 6-2 久保田 2ZGQ-8D（NSPU-88C25）水稻插秧机

8 行、10 行插秧等机型。

4. 按栽植秧苗分类

插秧机可分为毯状苗插秧机和钵体苗插秧机 2 种，一般多为毯状苗插秧机。

（二）水稻插秧机的构造

目前，较为成熟并普遍使用的插秧机，其工作原理大体相同。发动机分别将动力传递给插秧机构和送秧机构，在两大机构的相互配合下，插秧机构的秧针插入秧块抓取秧苗，并将其取出下移，当移到设定的插秧深度时，由插秧机械中的插植又将秧苗从秧针上压弹下，形成低位抛秧，从而完成一个插秧过程。同时，通过浮板和液压系统，控制行走轮与机体的相对位置和浮板与秧针的相对位置，使插秧深度基本一致。

无论是步行式、乘坐式或者高速插秧机，其主要由秧箱、发动机、传动系统、送秧机构、机架和浮体（船板）、栽植机构和行走装置等主要部分组成。

1. 秧箱

主要功能是承载秧苗，并与送秧机构、分插秧机构配合，完成送秧和分秧作业。

2. 发动机

发动机有汽油发动机和柴油发动机两种。其功用是提供动力。

3. 传动系统

将发动机动力传递到各工作部件，主要有两个方向：传向驱动地轮和由万向节传送到传动箱。传动箱又将动力传递到送秧机构和分插机构。分插机构前级传动配有安全离合器，防止秧针取秧卡住时，损坏工作部件。传动箱是传动系统中间环节，又是送秧机构的主要工作部件。传动箱中主动轴上有螺旋线槽（凸轮滑道），从动轴上固定着滑块，当主动轴转动时，滑块在螺旋线槽作用下横向送动，将主动轴的转动变成滑块和从动轴的移动，该轴的移动即是横向送秧的动力来源。

4. 送秧机构

送秧机构包括纵向送秧机构和横向送秧机构，其作用是按时、定量地把秧苗送到秧门处，使秧爪每次获得需要的秧苗。

① 纵向送秧机构的送秧方向同机器行进方向一致，有重力

送秧和强制送秧两种。重力送秧是利用压秧板和秧苗自身的重量，使秧苗随时贴靠在秧门处，常用于人力插秧机。

② 横向送秧机构的送秧方向同机器行进方向垂直，都采用移动秧箱法，因而又称移箱机构。

5. 栽植机构

栽植机构（或称移栽机构）在插秧机上统称分插机构，是插秧机的主要工作部件之一，包括分插器和轨迹控制机构，在供秧机构（秧箱和送秧机构）的配合下，完成取秧、分秧和插秧的动作。分插器又称秧针，是直接进行分秧和插秧的零件，有钢针式（分离针）和梳齿式两种。钢针式分插器上还带有推秧器，用于秧苗插入泥土后，把秧迅速送出分离针，使秧苗插牢。轨迹控制机构的作用是控制分秧器，使其按一定的轨迹运动，完成所要求的分、插秧工作，目前多用曲柄摇杆机构，此外还有偏心齿轮行星系机构（配置高速插秧机上），其栽植臂的结构、功能和原理大致相同。

6. 机架

机架是插秧机各部件和机构安装的基础，要求刚性好、重量轻。按机架与船板连接方式可分为整体式和铰接式两种：整体式是用插深调节器调整插深后，把机架和船板锁定；铰接式是机架和船板仅靠插锁连接，在作业过程中插秧深度随泥脚深浅而变化。

7. 行走装置

插秧机的行走装置由行走轮和船体两部分组成。常用的行走装置（除船体外）分为四轮、二轮和独轮 3 种，所用的行走轮都具备以下 3 个性质：即泥水中有较好的驱动性，轮圈上附加加力板；轮圈和加力板不易挂泥；具有良好的转向性能。四轮行走装置的转向是由前轮引导的，二轮行走装置由每个轮子的离合制动作用来完成转向。

（三）水稻插秧机的选择

随着国家农机购置补贴力度的加大与农民购买力的提高，水稻生产机械化的攻坚环节"机插秧"已逐步被农户所接受。选购功能齐全、适应性强、性价比高的水稻生产机械成为农机管理部门与农户共同关心的项目。插秧机的各类规格是根据特定使用条件的要求设计生产的，是农艺与农机结合的结果。受产地、质量与功能配置的影响，产品价格差异较大。选择水稻插秧机可以从下面几方面考虑。

1. 秧苗情况

插秧机使用的"毯状秧"对床土厚度、秧苗高度、秧苗盘根及播种均匀度具有较高的要求。标准床土厚度 2.0~2.5cm、苗高 15~25cm，播种均匀、优质的机插苗能在起苗时做到单手提苗不撒秧不掉土。

选择：高速乘坐式插秧机作业速度快，对秧苗的要求更高，如遇床土厚度不匀、秧苗盘根不佳、秧盘播种不匀等现象，在插植作业中极易出现秧门堵苗、伤秧问题。同时，载苗台后置，机手发现缺苗时，往往已造成一段距离缺秧，易造成过多人工补秧等问题。

手扶步进式与三轮拖板乘坐式插秧机作业速度较慢，便于观察栽秧台送秧状况，即使在秧苗不佳的状态下，也能及时发现、调整，从而保持持续插秧。

建议：在推广使用插秧机的区域，特别是初次标准化育秧的地区，开始使用插秧机建议从手扶步进式或拖板乘坐式插秧机开始，这样可以人为减少秧苗、田块不标准对机插秧的影响。

2. 田块情况

（1）田块的无续秧距离。在机插秧作业中，自带苗数量受到机器载荷与装载空间的影响，插植距离基本在 100m 左右，此时需要田头停机备秧。保证一定的直线插秧距离是提高作业效率的关键，理想距离200m左右，田埂距离过长中间无法续秧，必定造成插秧机备秧过多，机器超载，机体下陷严重，甚至无法作业。

建议：田块过大，插秧机可能备秧超载，需要调整田块装秧距离，同时，需选用大动力机型。

（2）田块的深耕情况。乘坐式插秧机对秧田的泥脚深度有较高要求。一般作业条件要求适宜的泥脚深度在20cm以内；一旦超过30cm，插秧机在载重状态下的下陷可能达到40cm，直接造成无法作业，同时，需要其他动力机械牵引出沉陷地。虽然插秧机都是四驱装置，一旦泥脚深度超过前轮半径，机器行驶将难以完成爬升，不能保证正常作业。

建议：高速插秧机受到泥脚深度的限制，在初期翻耕土地时，应考虑该项要求，一旦泥脚深度超标，只能使用手扶式插秧机或浮船式（拖板式）。

（3）土质的黏度。插秧机动力消耗在一定程度上受到土质的影响。沙质土壤沉降好，插秧机行走负荷较低；黏土对机器底盘黏着使得行走负荷较大，严重的将直接影响效率及诱发机器故障。

建议：土质黏度高的秧田，在使用乘坐式插秧机时，需要考虑使用较大功率的机械发动。

（4）栽秧台平衡装置的合理配置。插秧质量在一定程度上表现为插秧深度，稳定浅植是插植质量的保证。插秧机在行走作业时，受到田块平整与泥脚深度的影响，栽秧台左右起伏的抖动易造成左右插秧深度不均，影响作业质量。在插秧机的栽秧台平衡装置类型中，有机械平衡、电动平衡和电子液压平衡3种方式，其价格、效果都有一定差异。

机械平衡：栽秧台左右通过平衡弹簧与底部浮船的作用，使得秧台作业中的抖动趋于平稳。这是一种被动作用的平衡装置，也是高速插秧机的常规标准配置。

电动平衡：在机械平衡的基础上，通过信号控制驱动电机，电机拉动平衡弹簧作用，使得秧台在抖动幅度较大期间迅速调整平衡，这是高速插秧机主动平衡装置。

电子液压平衡：电脑芯片记忆平衡位置，在作业中根据秧台倾斜角度拟定电子信号给液压电磁阀控制驱动液压缸动作，锁定秧台平衡位置，这是高速插秧机最灵敏的控制平衡方式。

建议：3 种平衡装置中根据购机用地、旋田后泥基与泥面的情况合理选购配置。

3. 基本苗要求

插秧机在取秧量这个环节上存在较大差异，目前市场上高速乘坐式插秧机行距大部分是 30cm、株距 12～28cm，基本苗在 12.0 万～31.5 万穴/hm²。有的厂家根据特定密植需要也开发出了行距 25cm、株距 10～22cm，基本苗在 18 万～37.8 万穴/hm² 的插秧机，这也是湖南省在双季稻区的主推机型。

建议：各地区在机插秧的基本苗上根据农艺特点有自己的要求，选择插秧机的参数适应自己需要范围内，特别是在基本苗的要求方面，选购插秧机时须对机型的说明书详细了解。

4. 投资收益测算

在符合上述使用条件下，应该考虑插秧机的性价比。性价比表现在产品功效、购买价格与使用成本，由此测算投资回收期。

（1）产品的功效即功能与效率。保证机插作业质量的基本配置是购买的前提，作业效率是创收的关键。

（2）整机价格、配件价格、零部件的耐久性。整机价格在购入时已明示，但是对关键部件的成本进行比较至关重要，因此，需查看随机附件清单与使用说明，查看消耗件的价格、易损件的更换参考时间等项目予以对比。

建议：整机价格基本明确，配件价格与配件更换周期可以参考《产品使用说明书》与随机配件清单，对意向选购机型进行了解。

5. 服务保障

在选购机型时需要用户对销售方的服务人员、配件库存、工具与车辆等服务能力进行考察。同时对厂家给予的服务承诺进行确认，如送货方式、用户培训、农忙服务和季后保养等。

建议：购机用户尽量选择知名品牌机器，这样售后服务比较有保证。品牌产品对用户售前、售中、售后服务均有严格要求，购机时应详细确认服务承诺。服务保障落实到具体就是技术人员数量与资格认证、配件库存数量与品种、农忙服务车数量、报修服务电话等，服务保证事项应在购机前事先约定。

二、水稻插秧机的田间作业

（一）水稻插秧机的安装与调整

1. 安装

不同型号水稻插秧机的安装要求基本类似，下面以 PF455S型插秧机为例说明。

（1）整机安装。插秧机的基本构造由发动机、传动系统（变速箱），行走机构（转向离合器、驱动轮）液压仿形系统，操纵和调节机构，取秧量调节机构，移箱器等组成。出厂时，将这些总成部件包装运到各地，购机户应在技术人员的指导下，按插秧机说明书的要求进行安装。

（2）安装技术要求。安装质量直接影响插秧机的工作质量。因此，安装后应达到以下技术要求。

① 各运动件安装后，转动应灵活，无碰撞、汴阻现象，对

运动件应加注润滑油。

②操纵手柄（杆）转动灵敏，转向离合器转向自如，发动机油门操纵构应轻便，并能准确控制发动机转速。

③所有紧固的地方，都应按规定拧紧。离合器分离彻底，结合平稳。

④各传动部件，不允许有漏油现象，工作运转应正常。

⑤各间隙调整正确。如秧针与导轨插口侧面的标准间隙为1.3~1.7mm，秧针和苗箱侧面的标准间隙为1.5~2.5mm。

2. 调整

水稻插秧机的调整应根据秧苗与当地农业技术要求进行。

（1）每穴株数的调整。每穴插秧株数（取秧量）是由农业技术要求决定的。秧叉每次取秧苗数的多少主要取决于秧叉的取秧面积和秧苗的密度。由于秧叉的尺寸是一定的，所以，要改变插秧机的取秧量，主要是要改变秧箱深度。

对秧叉尖部进入秧箱的深度，可采用改变摆杆固定螺丝在链箱后盖上的固定位置来调节。

（2）插秧深度调整。控制水稻插秧深度是保证增产的重要方法之一。调节的原则是：在秧苗插牢的前提下，以浅插为宜。插秧的深度与秧苗的长度有关，一般在20~30mm。

插秧深度的调节是改变链箱与秧船的距离，方法是直接用升降调节杆改变链箱在秧船上的同定位置。当转动升降调节杆使链箱升起时，插秧深度变浅，反之深度加深。

（3）株距调节。插水稻的株距大小主要受插秧机的前进速度控制。在秧叉插秧频率不变的前提下，插秧机前进的速度加快，则株距增加；反之株距减小。

一般插秧机上有4个挡位。Ⅰ挡、Ⅱ挡为插秧挡，当插秧机前进速度为1.94km/h（Ⅱ挡）时，其株距一般为12cm左右；当插秧机前进速度为1.57km/h（Ⅰ挡）时，其株距一般为10cm

左右；Ⅲ挡是运输挡，当插秧机的前进速度为 8.2km/h 左右、变速手柄在此挡位时，动力输出轴的动力传递被自动切断，各工作机构停止工作；最后一个是空挡，行走动力被切断，插秧机停止前进。但动力输出轴仍可经离合器把动力输给工作机构，以便在停车状态时，能对插秧机进行试运转。

3. 水稻插秧机的试运转

插秧机安装调整后。要进行试运转，在运转中检验安装质量。如果发现问题，应及时排除，使插秧机处于最佳技术状态，投入作业。

（二）水稻插秧机操作前的准备

1. 田块的准备

田块的质量要求，一是田面要保持平整，没有明显的凹凸不平；二是软硬程度要适宜，泥脚深度小于 30cm；三是田面积水深浅要适度，水深 1~3cm；四是稻草、废秸秆等杂物不要过多。

2. 秧苗的准备

（1）秧块要求。机插秧是采用规格秧苗带土移栽，又称秧块。秧块的标准尺寸为长 58cm，宽 28.3cm，厚 2.8cm（软盘 2.5cm）。同时，要求秧苗根系发达，盘根力强，盘土不散裂，能毯状整体提起装入苗箱，又能整体卷起方便运输。

（2）水分控制。秧苗在机插前的水分控制，水分过多，秧苗在载秧台（架）上受到插秧机作业时行走振动，秧苗（土）必会往下滑，又容易散乱，严重影响机插效果。如果过于干燥，植插时容易引起禾苗与苗根分离、断秧等现象．影响了机插效果又影响了禾苗正常生长。机插前取一小块秧土抓在手里放开不松散，不变形为标准。

（3）起秧与运输。起秧与运输时应尽量保持秧土不变形，秧苗不倾斜。秧土变形会引起秧苗散乱、打卷，无法从放秧台

滑落。

秧苗倾斜会造成插植不良而引起断苗。尽可能不采用卷苗运输，有条件的利用硬盘套软盘运输。

3. 技术检查与调整

下田插秧前还要对插秧机作一次全面仔细的检查调试，以确保插秧机能够正常工作。并要根据大田的肥力，水稻品种等，对插秧的株距、插秧的深度，每穴的秧苗株数进行检查和调整。

4. 田间试插

按要求进行株数、株距、深度试插调整。

(三) 水稻插秧机的操作

1. 装秧

向秧箱内装好秧苗可以大大减少漏秧、钩秧，并能提高插秧均匀度，所以必须充分重视。

(1) 插带土小苗装秧时，秧块连接部分要紧靠，不重不缺，不宽不窄，以免漏插。尽量避免外形不规整的秧块拼接使用。

(2) 插无土小苗装秧时，将育秧盘上培育的壮苗卷制成捆。装秧时均匀铺放，紧贴秧箱，不弓起。连接处要对齐，不得留有间隙，以防漏插。

装秧手在工作过程中，必须经常注意作业质量，发现漏插和明显不均匀时，要及时分析原因，并立即排除。

(3) 插秧。发动机启动后，装秧手操纵提升手柄将分插机构放到所需要的插深位置。驾驶员先将株距手柄放到所需要的株距位置，然后把主离合器手柄接合，并立即把插秧手柄放到插秧位置，开始插秧。

水稻插秧机一般都采用梭形作业法 (图 6-3)。为减少人工补插面积，通常进入作业时，先留出一个插秧机的工作幅宽，地头转弯处也要留出一个插秧机的工作幅宽。当田中间插完后，插秧机绕田一周，把田边和地头插上秧，最后由人工补插四角。

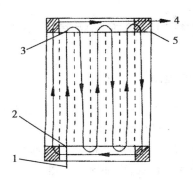

图6-3　梭形作业法

1. 进入；2. 开始插秧；3. 停止插秧；4. 出口；
5. 人工补插区

2. 田间作业技术要领

（1）插秧作业路线的选择。科学的插秧作业路线。合理安排装秧地点，可提高插秧作业效率。主要有两种作业路线。第一种：插秧时，先在田埂周围留下一排即四行宽的余地。插秧地从田块的左侧下田插第一排。然后紧靠第一排，插第二排……最后沿田埂四周插完留下的一排，插秧机再出田。第二种：第一排直接靠田埂左侧下田插秧，田头两边留两排即八行宽的余地，然后一排紧靠一排插秧，当插到田的右侧时，留一排四行宽的余地，再把田头两排八行插完，再插田的右侧留下的一排，插秧机再出田。

（2）掌握操作技术，精心驾驶。这是提高机插秧质量，确保夺高产的重要环节。在插秧作业时，一是插秧机要保持匀速前进，不能忽快忽慢或频繁停机。作业行走路线要保持直线性，以防急弯造成漏插或重插。二是边插秧边观察，发现问题，及时解决排除。三是初装秧苗或秧苗全部插完后，必须把插秧机苗箱移

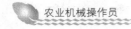

到最左或最右侧，以保证栽插质量。

三、水稻插秧机的维护与保养

（一）新机保养维护

（1）要严格按要求组装、调试和加注润滑油。

（2）按要求进行磨合后放净发动机机油，向油底壳加入柴油达到规定油面高度，启动发动机空车低速运转 1~2min 之后放净清洗柴油，按规定加注新机油至规定油面。

（二）班次技术保养

每作业 8~10h 要做以下维护保养。

（1）对上一班次存在问题和容易出故障的部位进行认真检查、保养，并找出原因彻底排除。

（2）用水冲洗车轮等传动部件，并彻底清除杂物，最好将水分擦干，将易生锈的部位涂上油。检查各工作部位的技术状态，发现问题立即解决。

（3）检查发动机润滑机油量是否符合要求，不足时添加至标准量；检查、保养空气滤清器；检查燃油量，及时补给燃油。

（4）检查调整液压装置传动皮带的张紧度；检查调整行走部分主皮带的张紧度和转向离合器的分离状态，并对润滑部位注润滑油。

（5）检查栽植臂油面是否渗水变质，如变质或油面不足，应及时排除并重新补充润滑油。

（6）检查调整取苗口的间隙、秧苗压出时间，并给插植臂内注油和需要润滑的部位注油。

（7）检查并紧固所有螺栓，以防松动。

通过以上检查、调整、紧固，确认插秧机技术状态良好的情况下，便可投入插秧作业。

（三）百亩作业技术保养

（1）检查地轮箱及移箱器的油面，必要时应填加润滑油。

（2）检查各部螺丝是否松劲，检查各部是否渗漏油，如发现应立即排除。

（3）检查分离针与推秧器间隙，必要时需校正更换分离针。

（4）检查栽植臂是否渗入泥水，如发现有泥水渗入，应立即清洗并更换推秧油封，并重新加注润滑油。

（5）向各润滑表面加注或点滴润滑油。

（6）完成班次保养中的全部内容。

（四）长期存放保养

这是一种全面检查维修恢复技术状态的技术维护。认真总结整个作业季节中机器各部的工作表现，对经常出现故障的部位要找出原因给予彻底解决。应该修复的进行修复，应该换的更换，应该加强的加强，以防下一作业季节"旧病复发"。经过检查、维修，完全恢复插秧机的技术状态。存放前做好以下工作。

（1）对修复后的插秧机擦拭干净，易生锈部位要涂油，脱漆部位补漆；对所有需要注油部位注满油。

（2）按使用说明书要求添加或更换润滑机油。发动机新机油的更换，应在发动机熄火后趁热进行；完全放净燃油箱和汽化器中的汽油。

（3）为防气缸内壁生锈和气门生锈，通过火花塞孔灌入新机油 20mL 左右后，拉动启动器 10 转左右；缓慢拉动反冲式启动器，并在有压缩感觉的位置停下来。

（4）对插植部件涂油，以防锈蚀。为了延长各张紧弹簧的使用寿命，保管时将主离合器手柄和插植离合器手柄放在"断开"位置，液压手柄放在"下降"位置，燃油旋塞为"OFF"状态下保管。

（5）由于齿轮箱油兼用于液压工作油，所以，保管时特别注意防止灰尘混入，清除主离合器钢丝、秧苗支架钢丝、插秧离合器钢丝及节气门拉线两端灰尘。

（6）检查齿轮箱、侧支架、驱动链轮箱油压，不足时应按规定品级的齿轮油添加到规定油位，若发现齿轮油变质应更换新的齿轮油。活动销、轴、导轨等部位在活动中涂以润滑脂；金属暴露部分，尤其是秧苗移送滑杆、液压缸光杆、插植部件等部件也要充分涂以油脂，以免生锈。

（7）清洗干净的插秧机罩上遮布，放在干燥无灰尘避阳光照晒的地方保管，并避免与肥料等物接触。清点工具及零配件一并保管，以防丢失。

模块七 小麦联合收割机的 使用和保养

　　小麦联合收割机是在收割机、脱粒机基础上发展起来的一种联合作业机械，可以一次性完成收割、脱粒、分离、清选、输送、收集等作业，直接获得清洗干净的粮食。

一、小麦联合收割机的基本构造

　　目前，我国小麦联合收割机主要有全喂入轮式自走式联合收割机、全喂入履带自走式联合收割机、与轮式拖拉机配套使用的全喂入悬挂式（背负式）联合收割机（含单动刀、双动刀）、半喂入履带自走式联合收割机、采用割前脱粒割台的掳穗式联合收割机、与手扶拖拉机配套使用的微型全喂入联合收割机等几种。其中，全喂入轮式自走式和与轮式拖拉机配套使用的全喂入悬挂式联合收割机在我国小麦收获中应用最为广泛，为主要机型。

（一）悬挂式小麦联合收割机

　　悬挂式小麦联合收割机主要由割台、输送槽、脱粒清选装置及悬挂装置四大部分组成。割台在拖拉机的前方，输送槽在拖拉机的一侧，脱粒清选装置在拖拉机的后方。割台进行切割作业，输送槽把作物由割台送往脱粒清选装置，脱粒清选装置完成脱粒、分离、清选、装袋等工作。前、后悬挂架把割台和脱粒清选装置固定在拖拉机上。

4L-2.5型悬挂式小麦联合收割机（图7-1），以上海-50型拖拉机为动力，悬挂在拖拉机上，在田间作业时，利用分禾器把割区内外的作物分开，拨禾轮把进入左右分禾器间的作物拨向切割器，割刀切断作物的茎秆，割下的作物在自重、拖拉机行进速度和拨禾轮配合作用下倒向割台，由割台搅龙将其送往割台左侧输送槽入口处，在割台搅龙伸缩杆和输送槽耙齿的配合作用下，使作物经输送槽进入脱粒机体，在脱离滚筒、凹板筛和滚筒盖板内的导向板作用下，使作物做圆周运动和轴向移动，在运动过程中，受到钉齿的反复打击、梳刷和凹板筛上的揉搓而得到落粒，茎秆被排草轮排出机外，籽粒及颖壳等碎出物经凹板筛栅格孔和滑板均匀地撒在两圆筒筛的筛面上，在圆筒筛和风扇的联合作用下，进行清选。物料接触运动的前筛筛面后，部分籽粒和颖壳直接穿过筛孔，茎秆和未分离的籽粒在筛面的作用下向后移动或被抛起，在前后筛面的表面上形成一层蓬松的物料流，在运动中，又有部分籽粒和颖壳以及筛面上的轻杂物被吹出机外。

（二）自走式小麦联合收割机

自走式小麦联合收割机主要由以下几部分组成。

（1）发动机。行走和各部件工作所需的动力都由它供给。

（2）驾驶室（台）。有转向盘总成、离合器操纵杆、卸粮离合器操纵杆、行走离合器踏板、制动器踏板、拨禾轮升降手柄、无级变速油缸操纵手柄、油门踏板、变速杆、熄火油门手柄、喇叭按钮、综合开关总成及各种仪表等，供驾驶员操纵小麦联合收割机用。

（3）收割台。包括拨禾轮、切割器、割台搅龙、倾斜输送器等。

（4）脱粒部分。包括滚筒、凹版、复脱器等。

（5）清选部分。包括逐稿器、筛箱、风扇等。

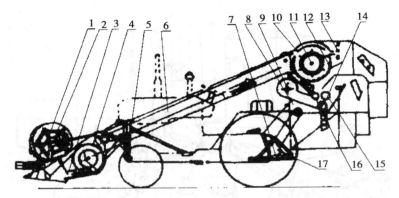

图 7-1　4L-2.5 型悬挂式小麦联合收割机的构造

1. 分禾器；2. 拨禾轮；3. 切割器；4. 割台搅龙；5. 前悬挂架；6. 输送槽；7. 后悬挂架；8. 动力传动轴；9. 风扇；10. 滚筒盐板；11. 脱离滚筒；12. 凹板筛；13. 排草轮；14. 籽粒搅龙；15. 后筛；16. 前筛；17. 动力齿箱

（6）储粮、卸粮装置。包括粮食推运、升运器、粮箱等。

（7）底盘。包括无级变速机构、行走离合器、变速箱、后桥等。

（8）液压系统。包括液压油泵、油缸、分配阀和油箱、滤清器、油管等。

（9）电气系统。这个系统负担着发动机的启动、夜间照明、信号等，包括蓄电池、启动机、发电机、调节器、开关、仪表、传感装置、指示灯、照明灯、音响信号等。

新疆 4L-2 型自走式小麦联合收割机（图 7-2），最大的特点是有板齿滚筒和纹杆轴流滚筒两个滚筒脱粒，脱粒后的长茎秆由轴流滚筒左段的分离板直接排出机体外，设有逐稿器、逐稿轮分离排草的工作过程。

倾斜输送器将割下的作物先送入板齿滚筒落粒，而后被板齿向后抛入轴流滚筒。作物在轴流滚筒和上盖导向板作用下，从右

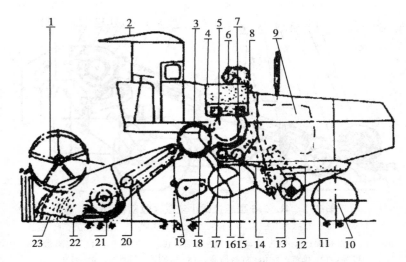

图 7-2　新疆 4L-2 型自走式小麦联合收割机的构造

1. 拨禾轮；2. 驾驶台；3. 板齿滚筒；4. 小粮箱；5. 轴流滚筒；6. 卸粮搅龙；7. 轴流滚筒凹版；8. 籽粒升运器；9. 发动机；10. 后桥；11. 下筛；12. 上筛；13. 复脱；14. 小抖动板；15. 第二分配搅龙；16. 离心风扇；17. 第一分配搅龙；18. 板齿滚筒凹版；19. 前桥；20. 倾斜输送器；21. 喂入搅龙；22. 切割器；23. 分禾器

向左螺旋运动，同时，在纹杆和分离板作用下完成脱离和分离；长茎秆被滚筒左段分离板从排草口抛出机体外；籽粒、杂余、颖壳、碎茎秆等从轴流滚筒凹板分离出去。

从轴流滚筒凹板分离出的滚筒脱出物，由第一分配搅龙和第二分配搅龙推挤到清选室前的抛送板上，在抛送板作用下相继落到小抖动板上。脱出物在抖动板振动下，有前向后跳跃运动，在跳跃运动中，由于脱出物中的籽粒、杂余、颖壳、碎茎秆重量不同而分层。籽粒下沉，杂余、颖壳、碎茎秆上浮。当运动到尾部栅条时，籽粒、杂余颖壳小混合物从栅条缝处形成帘状下落，在离心风扇产生的气流作用下，经风选落入清选室；而碎茎秆被栅条托起进一步分离。

经风选的初分离物落入清选室后，在上筛、下筛和风扇气流共同作用下进行清选分离。从下筛孔落下的籽粒即为清洁的籽粒；混杂物被抛出机体；未脱净的杂余经下筛后段杂余筛孔落入杂余搅龙，被推送到右端复脱离器进行复脱，经复脱后抛回上筛和初分离物在一起，再次参加清选流程。从下筛孔落下的清洁籽粒，被籽粒搅龙右推，经籽粒升运器和卸粮搅龙送入小粮箱。卸粮时用粮箱卸粮搅龙往运输车上卸粮。

二、小麦联合收割机的田间作业

（一）　小麦联合收割机的磨合与调试

小麦联合收割机作业前，应进行空转磨合、行走试运转和负荷试运转。

1. 空转磨合

（1）机组运转前的准备工作。

① 摇动变速杆使其处于空挡位置，打开籽粒升运器壳盖和复脱器月牙盖，滚筒脱粒间隙放到最大。

② 将联合收割机内部仔细检查清理。

③ 检查零部件有无丢失损坏，机器有无损伤，装配位置是否正确，间隙是否合适。

④ 检查各传动三角带和链条（包括倾斜输送器和升运器输送链条）是否按规定张紧，调整是否合适。

⑤ 用手拉动脱粒滚筒传动带，观察各部件转动是否灵活。

⑥ 按润滑表规定对各部位加注润滑脂和润滑油。

⑦ 检查各处尤其是重要连接部位紧固件是否紧固。

（2）空转磨合。检查机器各部位正常后，鸣喇叭使所有人员远离机组，启动发动机，待发动机转动正常后，调整油门使发动机转速为 600~800r/min，接合工作离合器，使整个机构运转，逐渐加大油门至正常转速，自走式联合收割机运转 20h（悬挂式联合收割机运转 30min 以上）。此间应每隔 30min 停机一次进行检查，发现故障应查明原因并及时排除。

（3）检查。磨合过程中，应仔细观察是否有异响、异振、异味，以及"三漏"（漏油、漏气、漏水）现象。运转过程中应进行以下操作和检查。

① 缓慢升降割台和拨禾轮以及无级变速油缸，仔细检查液压系统工作是否准确可靠，有无异常声音，有无漏油、过热及零部件干涉现象。

② 扳动电器开关，观察前后照明灯、指示灯、喇叭等是否正常。

③ 反复接合和分离工作离合器、卸粮离合器，检查接合和分离是否正常。

④ 检查各运转部位是否发热，紧固部件是否松动，各 V 带和链条张紧度是否可靠，仪表指示是否正常。

⑤ 联合收割机各部件运转正常后应将各盖关闭，栅格凹版间隙调整到工作间隙之后，方可与行走运转同时进行。

2. 行走试运转

联合收割机无负荷行走试运转，应由 I 挡起步，逐步变换到 II 挡、III 挡，由慢到快运行，还要穿插进行倒挡运转。要经常停车检查并调整各传动部位，保证正常运转。自走式联合收割机此间运行时间为 25h。

3. 负荷试运转

联合收割机经空转磨合和无负荷行走试运转，一切正常后，就可进行负荷试运转，也就是进行试割。负荷试运转应选择地势较平坦、无杂草、小麦无倒伏且成熟程度较一致的地块进行。有时也可先向割台均匀输入小麦以检查喂入和脱粒情况，然后进行试割。当机油压力达到0.3兆帕、水温升至60℃时，开始以小喂入量低速行驶，逐渐加大负荷至额定喂入量。应注意无论负荷大小，发动机均应以额定转速全速工作，试割时应注意检查调整割台、拨禾轮高度、滚筒间隙大小、筛孔开度等部位，根据需要调整到要求的技术状态。负荷试运转应不低于15h。注意收割作业时，拖拉机使用Ⅰ挡、Ⅱ挡。

经发动机和收割机的上述试运转后，按联合收割机使用说明书规定，进行一次全面的技术保养。自走式联合收割机需清洗机油滤清器，更换发动机机油底壳的机油。

按试运转过程中发现的问题对发动机和收割机进行全面的调整，只有在确保机器技术状态良好的情况下，才可正式投入大面积的正常作业。

(二) 小麦收割前的准备

1. 麦收出发前的准备

机组磨合试运转及相关保养，符合技术要求。

麦收之前要根据情况确定是在当地作业还是跨区作业，提前制订好作业计划，并进行实地考察，提前联系。确定好机组作业人员，一般小麦联合收割机需要驾驶员1~2名，辅助工作人员1~3名，联系配备1~2辆卸粮车。出发之前要准备好有关证件（身份证、驾驶证、行车证、跨区作业证等）、随机工具及易损件等配件，做到有备无患。

2. 作业地块检查和准备

为了提高小麦联合收割机的作业效率，应在收获前把地块准备好，主要包括下列内容。

（1）查看地头和田间的通过性。若地头或田间有沟坎，应填平和平整，若地头沟太深应提前勘察好其他行走路线。

（2）捡走田间对收获有影响的石头、铁丝、木棍等杂物。查看田间是否有陷车的地方，做到心中有数，必要时做好标记，特别是夜间作业一定要标记清楚。

（3）若地头有沟或高的田埂，应人工收割地头。若地块横向通过性好可使用收割机横向收割，不必人工收割。人工收割电线杆及水利设施等周围的小麦。

（4）查看小麦的产量、品种和自然高度，以作为收割机进行收获前调试的依据。

3. 卸粮的准备

（1）用麻袋卸粮的小麦联合收割机，应根据小麦总产量准备足够的装小麦用的麻袋，和扎麻袋口用的绳子。

（2）粮仓卸粮的小麦联合收割机，应准备好卸粮车。卸粮车车斗不宜过高，应比卸粮筒出粮口低 1m 左右。卸粮车的数量一般应根据卸粮地点的远近确定，保证不因卸粮造成停车而耽误作业。

（三）小麦联合收割机的操作

1. 联合收割机入地头时的操作

（1）行进中开始收获。若地头较宽敞、平坦，机组开进地头时可不停车就开始收割，一般应在离麦子 10m 左右时，平稳地接合工作离合器，使联合收割机工作部件开始运转，并逐渐达到最高转速，应以大油门低前速度开始收割，不断提高前进速度，进入正常工作。

（2）由停车状态开始收割。若地头窄小、凹凸不平，无法在行进中进入地头开始收割，需反复前进和倒车以对准收割位置，然后接合工作离合器，逐渐加油门至最大，平稳接合行走离合器，开始前进，逐渐达到正常作业行进速度。

（3）收割机的调整。收割机进入地头前应根据收割地块的小麦产量、干湿程度和高度对脱粒间隙、拔禾轮的前后位置和高度等部位进行相应的调整。悬挂式小麦联合收割机应在进地前进行调整，自走式小麦联合收割机可在行进中通过操纵手柄随时调整。

（4）要特别注意收割机应以低速度开始收获，但开始收割前发动机一定要达到正常作业转速。使脱粒机全速运转。自走式小麦联合收割机，进入地头前，应选好作业挡位，且使无级变速降到最低转速。需要增加前进速度时，尽量通过无级变速实现，以避免更换挡位，收获到地头时，应缓慢升起割台，降低前进速度以拐弯，但不应减小油门，以免造成脱粒机滚筒堵塞。

2. 联合收割机正常作业时的操作

（1）选择大油门作业。小麦联合收割机收获作业应以发挥最大的作业效率为原则，在收获时应始终以大油门作业，不允许以减小油门的方式来降低前进速度，因为，这样会降低滚筒转速，造成作业质量降低，甚至堵塞滚筒。如遇到沟坎等障碍物或倒伏作物需降低前进速度时，可通过无级变速手柄使前进速度降到适宜速度，若达不到要求，可踩离合器摘挡停车，待滚筒中小麦脱粒完毕时再减小油门挂低挡位减速前进。悬挂式小麦联合收割机也应采取此法降低前进速度。减油门换挡要快，一定要保证再次收割时发动机加速到规定转速。

（2）前进速度的选择。小麦联合收割机前进速度的选择主要应考虑小麦产量、自然高度、干湿程度、地面情况、发动机的负荷、驾驶员技术水平等因素。无论是悬挂式还是自走式小麦联合收割机，喂入量是决定前进速度的关键因素。前进速度的选择不能单纯以小麦产量为依据，还应考虑小麦切割高度、地面平坦程度等因素。一般小麦亩产量在 300~400kg 时可以选择 Ⅱ 挡作业，前进速度为 3.5~8km/h；小麦亩产量在 500kg 左右时应选择

Ⅰ挡作业，前进速度为 2~4km/h；一般不选择Ⅲ挡作业，当小麦产量在 250kg 以下时，地面平坦且驾驶员技术熟练，小麦成熟好时可以选择Ⅲ挡作业，但速度也不宜过高。

（3）不满幅作业。当小麦产量很高或湿度很大，以最低速前进发动机仍超负荷时，就应减少割幅收获。就目前各地小麦产量来看，一般减少到 80% 的割幅即可满足要求，应根据实际情况确定。当收获正常产量小麦，最后一行不满幅时，可提高前进速度作业。

（4）潮湿作物的收获。当雨后小麦潮湿，或小麦未完全成熟但需要抢收时，由于小麦潮湿，收割、喂入和脱粒都增加阻力，应降低前进速度。若仍超负荷，则应减少割幅。若时间允许应安排中午以后，作物稍微干燥时收获。

（5）干燥作物的收获。当小麦已经成熟，过了适宜收获期，收获时易造成掉粒损失，应将拨禾轮适当调低，以防拨禾轮板打麦穗而造成掉粒损失，即使收割机不超负荷，前进速度也不应过高。若时间允许，应尽量安排在早晨或傍晚，甚至夜间收获。

（6）割茬高度和拨禾轮位置的选择。当小麦自然高度不高时，可根据当地的习惯确定合理的割茬高度，可把割茬高度调整到最低，但一般不宜低于 15cm。当小麦自然高度很高，小麦产量高或潮湿，小麦联合收割机负荷较大时，应提高割茬高度，以减少喂入量，降低负荷。

（7）过沟坎时的操作。当麦田中有沟坎时，应适当调整割台高度，防止割刀吃土或割麦穗。当机组前轮压到沟底时会使割台降低，应在压到沟底的同时升高割台，直至机组前轮越过沟时，再调整割台至适宜高度。机组前轮压到高的田埂时，应立即降低割台，机组前轮越过田埂时，应迅速升高割台，并且操作要快，动作要平稳。

3. 倒伏谷物的收获

横向倒伏的作物收获时，只需将拨禾轮适当降低即可，但一般应在倒伏方向的另一侧收割，以保证作物分离彻底，喂入顺利，减少割台碰撞麦穗而造成的麦粒损失。

纵向倒伏的作物一般要求逆向（小麦倒向割台）收获，但逆向收获需空车返回，严重降低了作业效率。当作物倒伏不是很严重时，应双向收获。逆向收获时应将拨禾轮板齿调整到向前倾斜15°~30°的位置，且将拨禾轮降低和向后；顺向收获时应将拨禾轮的板齿调整到向后倾斜15°~30°的位置，且将拨禾轮降低和向前。

三、小麦联合收割机的维护与保养

（一）日常保养

1. 清洁保养

清洁保养主要指对联合收割机进行彻底清扫保洁。在每天收割作业开展前或在收割作业结束后，应把收割机的所有检视孔盖全部打开，防护罩全部拆除，彻底清扫室内、驾驶台、发动机外表、风扇蜗壳内外、割台、变速箱外部等重要部件及装置上的污物。清扫完成后，可通过让收割机大功率运转5min的方式，更好地排尽草屑尘污。最后，用清水擦洗或冲洗机器外部，再采用相同的方法高速运转收割机，以迅速排湿除水。

2. 润滑系统保养

小麦联合收割机的说明书会对需要润滑的构件、润滑油的使用时间、使用润滑油的型号等重要内容以图表的形式予以详细说明。所以，在润滑系统保养前，应首先认真阅读说明书。一般而言，轴套、轴承、外露传动齿轮、链条、刀具等摩擦频繁、外露和需要防锈的部位均为润滑系统保养的重点部位。在润滑保养前，应对净油嘴、加油口、润滑部位的表面进行洁净处理，擦除表面的油污尘土。发动机底壳的润滑油添加量以油标尺上下刻度间的标高为限。对链条、齿轮应每天通过抹刷润滑油的方式进行润滑保养。对含油轴承、传动链应在每年麦收作业全部结束后，从机体上拆卸下来，并在润滑油中浸泡至少 2h 后，做入库保存。对新购买或刚刚进行大修处理的小麦联合收割机，在试运行之后，尤其要注意把变速箱中的油全部放尽，并做清洗保洁处理，保证在无油污尘灰的情况下方可加入新油。

润滑油的使用，要做到 3 个禁止，即禁止新旧润滑油混搭使用，混用的后果是：由于旧润滑油含有氧化性较强的物质，会使润滑油的润滑效果严重变差，最终造成收割机机体被严重破坏，减少使用寿命；禁止润滑油过量添加，过量添加的润滑油会在未完全燃烧的状态下，产生大量的积碳，造成活塞严重堵塞；禁止油底壳油面过低，进而产生烧瓦事故，因此，润滑油应注重日常检查，及时添加。

3. 散热器保养

由于小麦联合收割机在麦收过程中，多面临尘土多、污物多的恶劣工作环境，散热器很容易被杂物堵塞，最终造成滤网堵塞，发动机开锅。为此，在麦收作业前，清除散热器上的污物变得尤为重要。联合收割机的散热器一般多装有水箱罩，水箱罩堵塞时，要及时进行处理。处理顺序应从旋转水罩左侧下方手柄开始，按机器上标志的箭头方向使力，进气孔道会随着手柄的旋转被上下挡风板彻底封闭，灰尘草屑等杂物随之脱落。另外，还要保证散热器网格无杂物，对顽固性、难以清除的杂物可采用高压水冲洗。空气滤清器要保证按日清理。尤其是自动除尘器的旋转滤网，至少在每天麦收作业结束后清理 1 次。

4. 链条及钢索保养

链条和钢索作为重要运作部件，应加强检查和调整。

（1）链条。应按照说明书的参考值，检查张紧挂钩的下附距离。如距离过大，则应调紧弹簧，防止链条松动。当采取张紧弹簧的方法，仍不能使链条距离满足要求时，可以卸下两节链条，保证张紧挂钩的下附距离符合要求。对左右穗端的链条，应重点检查张紧度，如滚轮轴与罩的长孔部位无空隙，则说明链条已松，可通过卸下两节链条予以调整。

（2）钢索。应首先检查有无表面毁损、变形情况，并依据检查结果确定选择是否需要做更换处理。为保证离合器手柄能够自由运转，应着情调节螺栓和适当调整离合器钢索。同时为保证踏板自由行程符合说明书标准距离，应对停车制动钢索进行微调。

（二）入库保养

小麦联合收割机只在季节性麦收时工作，所以除了工作时间以外的入库存放时间所占比例较大。入库后收割机的保养质量直接关系到机器的使用效能和使用效益。为此，在入库保养中应着重注意以下 8 个要点。

（1）清洁保养。在入库前，可采取机器大功率空转运行的方式，清除机器表面的泥土、草屑、尘埃等附着物，尤其要清除可能残留小麦籽粒的装置构件以及构件间的接口，避免污物损毁机器。

（2）蓄电池保养。在把蓄电池卸下后，应对电解液含量和电浓比重进行检查及适量补充调整，并每间隔 1 个月予以充电，保证电池电量处在持续充足状态。蓄电池应单独放置在通风干燥处，防潮防湿。

（3）润滑防锈保养。按照小麦联合收割机说明书对重要构件进行润滑防锈处理。

（4）传送带、链条保养。首先应放松拆卸全部传送带、链条，视磨损情况进行换新的或修复处理。对能够继续作业的传送带，在做保洁处理后，涂上滑石粉，悬挂高处予以防潮防湿保存。对能够继续使用的链条，应采用机油浸泡的方式进行清洗，浸泡时间不少于15min，然后擦干或风干后装箱干燥保存。

（5）零部件排查。对容易磨损的零部件，包括刀片、滚筒、伸缩齿杆导管等易变形、易损坏的零部件应进行全面排查，视磨损情况进行更换或修理。

（6）部分零部件要卸下分开保管。

① 取下条筛片仔细清理后保管起来。

② 取下所有皮带放在干燥、凉爽的室内保管。

③ 卸下链条，清洗后放在 60~70℃ 的牛脂或石蜡中浸泡约15min，及链条套筒、销子、滚子得到充分润滑，然后妥善保管。

④ 卸下蓄电池保存在干燥的室内，每月必须进行充电，检查电液的液位和电浓的比重。

⑤ 经清理后，保管好无级变速器的变速盘，变速轴，护刀架梁和割刀。

⑥ 顶起收割机，把轮胎气压降到规定值。

（7）割台的存放。割台应在放下后，用垫木做架空处理，搁置在库房的相对较低处。

（8）封存。在选择通风、干燥、有防火装置的库房的同时，还应对收割机加盖篷布，进行密封处理。

模块八　玉米联合收割机的
使用和保养

玉米联合收割机是指一次完成摘穗（剥皮）、收集果穗（或摘穗、剥皮、脱粒），同时对玉米秸秆进行处理（切段青贮或粉碎还田）等项作业的机具。

一、玉米联合收割机的基本构造

（一）玉米联合收割机的类型

玉米联合收割机大体可分为 4 种类型：背负式机型、自走式机型、玉米专用割台、牵引式机型。

1. 背负式玉米联合收割机

背负式玉米联合收割机（图 8-1）也称悬挂式玉米联合收割机，即与拖拉机配套使用的玉米联合收割机，用拖拉机做底盘，把整台联合收割机悬挂组装在拖拉机上进行收获作业。作业结束后再把它拆卸下来存放。它可提高拖拉机的利用率、机具价格也较低。但是受到与拖拉机配套的限制，作业效率较低。目前，国内已开发有单行、双行、三行等产品，分别与小四轮及大中型拖拉机配套使用，按照其与拖拉机的安装位置分为正置式和侧置式，一般多行正置式背负式玉米联合收割机不需要开作业工艺道。

2. 自走式玉米联合收割机

自走式玉米联合收割机（图 8-2）自带动力的玉米联合收割

图 8-1　背负式玉米联合收割机

机是专用玉米联合收割机机型，可一次完成玉米的摘穗、剥皮、输送、集仓、秸秆切碎还田（或秸秆粉碎回收）等全过程作业。该类产品国内目前有三行和四行，其特点是工作效率高、作业效果好，使用和保养方便，但其用途专一。国内现有机型摘穗机构多为摘穗板—拉茎辊—拨禾链组合结构，秸秆粉碎装置有青贮型和粉碎 2 种。底盘多是在已定型的小麦联合收割机底盘基础上改进的，多采用两端动力输出。操纵部分采用液压控制。

3. 牵引式玉米联合收割机

牵引式玉米联合收割机是我国引进吸收国外技术，自行设计生产的最早的一类机型。结构简单，使用可靠，价格较低。由拖拉机牵拉作业，所以，在作业时由拖拉机牵引收获机，再牵引果穗收集车，配置较长，转弯、行走不便，主要应用在大型农场。

图 8-2 自走式玉米联合收割机

4. 玉米专用割台

玉米专用割台又称玉米摘穗台，用玉米割台替换谷物联合收割机上的谷物收割台，从而将谷物联合收割机转变为玉米联合收割机。装上玉米专用割台的联合收割机，可一次完成玉米的摘穗、输送、果穗装箱等作业。这种机型投资小，扩展了现有麦稻联合收割机的功能，同时，价格低廉，在 1 万~2 万/台，目前，国内开发该类型的产品主要与新疆-2、佳木斯-3060、北京-2.5 等型小麦联合收割机配套。

（二）玉米联合收割机的基本构造

玉米联合收割机（图 8-3）由摘穗台（割台）、输送装置、剥皮装置、籽粒回收装置、秸秆粉碎装置（还田、回收）、集穗箱、传动系统、发动机、底盘、电气系统、液压系统、驾驶室及操纵装置等组成。

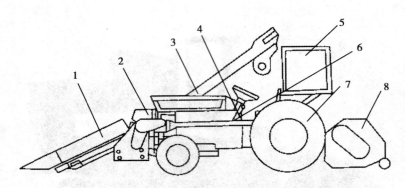

图 8-3 4YY-2 型背负式玉米联合收割机结构示意图

1. 割台；2. 搅龙；3. 升运器；4. 液压系统；5. 果穗箱；6. 传动系统；7. 拖拉机；8. 秸秆还田机

1. 摘穗台（收割台）

由割台体、分禾器、切割器（茎穗兼收型）拨禾链、摘穗装置、青草刀、果穗螺旋推运器等组成。摘穗装置是摘穗机构完成摘穗作业的核心，其功用是使果穗和秸秆分离。现有机器上所用的摘穗装置皆为辊式，分为纵卧式摘辊、立式摘辊、横卧式摘辊和纵向摘穗板 4 种。

收割台的工作过程是：玉米联合收割机是在行进中完成收割作业的。分禾器将禾秆从根部扶正，切割器切断秸秆后（茎穗兼收型）、由拨禾链将禾秆扶持并引入摘穗辊，经摘穗辊摘穗后，进入果穗螺旋推运器，再经果穗螺旋推运器送入输送装置。

2. 输送装置

输送装置主要由输送器壳体、升运器链条组合、清杂装置等组成。玉米收割机一般装有两个果穗升运器，果穗第一升运器用来输送由摘穗辊摘落的果穗，果穗第二升运器用来输送由剥皮（苞叶）机送出的果穗和由籽粒回收螺旋推运器送出的籽粒。玉米联合收割机普遍采用螺旋推运器和刮板升运器．一般刮板升运器应用广泛，它具有传动可靠，输送能力强，可以大角度输送物料等特点。

3. 剥皮装置

剥皮装置作为玉米联合收割机的主要工作部件，其工作性能（剥皮生产率、剥净率、籽粒脱落率、破碎率）对整机的工作性能影响很大，剥皮装置多为辊式。它由若干对相对向里侧回转的剥皮辊和压送器等组成，剥皮装置工作时，压送器缓慢地回转（或移动），使果穗沿剥皮辊表面徐徐下滑。由于每对剥辊对果穗的切向抓取力不同（上辊较小，下辊较大）果穗便回转。果穗在旋转和滑行中不断受到剥皮辊的抓取，将苞皮或苞叶推运器撕开，并从剥辊的间隙中拉出。

4. 籽粒回收装置

玉米联合收割机上常用的籽粒回收装置是螺旋推运器式，由驱动装置、苞叶推运器、籽粒回收筛、籽粒回收螺旋推运器、托架等组成。在驱动装置驱动下，苞叶推运器将剥下的苞叶以及所夹带的籽粒在向机体外推送的同时进行翻动．使夹带的籽粒通过籽粒回收筛分离出来，落入下方的籽粒回收螺旋推运器中，再送到第二升运器。

5. 秸秆粉碎还田装置

用于秸秆、苞叶、杂草、根茬等的粉碎还田。茎秆粉碎装置一般由机架部分、变速箱、压轮部分、悬挂部分、切碎部分、罩壳等组成。目前，茎秆粉碎装置按动刀的形式区分有：甩刀式、锤爪式和动定刀组合式等 3 种机型。茎秆粉碎装置在玉米联合收割机上一般有 3 种安装位置：一是位于收割机后轮后部；二是位于摘穗辊和前轮之间；三是位于前后两轮之间，用液压方式提升。茎秆粉碎装置通过支撑辊在地面行走。工作时，由导向装置将两侧的秸秆向中间集中，切碎刀对秸秆多次数层切割后，通过大罩壳后端排出，均匀的将碎秸秆平铺在田间。一般切碎长度在

85～100mm。

6. 抛送器、粮箱总成

抛送器是将剥皮机剥好的玉米果穗抛送到果穗箱里，解决粮箱的充满问题。

7. 传动系统

传动系统的作用是把发动机动力，通过链传动、皮带传动、万向节传动轴等方式传递给割台、输送装置、剥皮装置、籽粒回收装置、秸秆粉碎装置（还田、回收）等。

8. 发动机

发动机是为玉米联合收割机提供行走和工作部件的动力源，安装在驾驶后输送器下，横向配置，便于传递动力。

9. 底盘

底盘用来支撑玉米联合收割机，并将发动机的动力转变为行驶力，保证玉米联合收割机行驶，主要由车架、行走离合器、行走无级变速器、齿轮变速箱、前桥、后桥、制动装置等组成。

10. 电气系统

电气电路是用来保证玉米联合收割机驾驶室内监控、发动机启动、照明等各辅助用电设备的用电。驾驶员要随时观察仪表上显示的电流、水温、油压范围，防止用电设备和线路短路，保证玉米收获机在作业及行驶过程中的启动、照明和仪表指示。随时观察蓄电池充电情况，发现问题应及时解决。

11. 液压系统

玉米联合收割机的液压系统是由工作部件液压系统和转向机构液压系统两个各自独立的系统组成。转向液压系统用来控制转向轮的转向；作业液压系统用来控制摘穗台升降、行走无级变速、秸秆粉碎还田机的升降和果穗箱的翻转卸粮。

主要液压元件有：齿轮泵、液压油箱、多路手动换向阀、全液压转向器、割台液压缸、行走无级变速液压缸、秸秆粉碎还田机升降液压缸、果穗箱液压缸、转向液压缸、发动机工作部件离合器液压缸和单柱塞离合泵及双柱塞制动泵等。

12. 驾驶室

驾驶室位于割台后上方、前桥的前上方，驾驶员作业时可以方便环顾周围环境。为了衰减地面不平引起的振动，驾驶员能舒适驾驶，一般选用定型的金属弹簧驾驶座。驾驶室内集中有玉米联合收割机的操纵机构：转向机总成、离合器踏板、制动器踏板、脚油门、手油门、手刹车操纵杆、各种液压油缸操纵杆及监控等。

（三）　玉米联合收割机的工作过程

玉米联合收割机工作时，拨禾轮首先把玉米向后拨送，引向切割器，切割器将玉米割下后，由拨禾轮推向割台搅龙，搅龙将割下的玉米推集到割台中部的喂入口，由喂入口伸缩齿将玉米切碎，并拨向倾斜输送槽，玉米秸秆和玉米穗在高速旋转的脱粒滚筒表面被滚筒上的柱齿反复击打、切割，迅速分解成籽粒、粒糠、碎茎秆和长茎秸。籽粒、粒糠、碎茎秆从分离板的孔隙中落入清洗设备的抖动筛上。长茎秸从排草口排出。完成籽粒与秸秆分离。长茎秸从排草口抛出去，分离出来的籽粒、颖糠、碎茎秸、杂余，输送到清选设备，在清选设备的上筛和下筛的交替作用下，玉米籽粒从筛孔落到提升器内，其余杂物被清选排出机外，玉米籽粒通过提升器送入粮仓，完成脱粒。

二、玉米联合收割机的田间作业

（一）　玉米联合收割机的磨合与调整

1. 玉米联合收割机的磨合

新购置的玉米联合收割机在收获前，必须进行磨合。磨合可以使零件获得合适的配合间隙，及时发现装配故障。

（1）空转磨合。磨合首先是整机原地空转磨合。磨合时，启动柴油机，空转运行10min。留心观察整个机器部件是否有异常响声、异常振动，传动部件过热等情况。开启割台，检查割台各个部件转动是否正常。缓慢升降割台，仔细检查升降系统工作是否准确、可靠，整机空转磨合后，进行行走磨合。行走磨合前，仔细检查、清理玉米联合收割机的内部。

用手转动中间轴右侧的带轮，看有无卡滞现象。正常情况下，应该运转自如。行走磨合时，从低挡到高挡，从前进挡到后退挡逐步进行磨合。行驶20~30min后停车检查。应检查的项目有：左、右边链传动有无过热及其他异常情况，各个传动链条是否符合张紧规定，轮胎气压是否充足，所有紧固件是否松动。

（2）负荷磨合。行走磨合后进行带负荷磨合，也就是试割。试割应在收获作业的第一天进行，选择在地势较平坦、草少、成熟度一致、无倒伏、具有代表性的地块进行。开始以小喂入量低速行驶。逐渐加大负荷，直到额定喂入量。应该强调无论喂入量多少，柴油机均应在额定转速下全速工作。在试割过程中应及时、合理调整各工作部件，使之达到良好的作业状态。

2. 玉米联合收割机的调整

在收获前应根据具体地块的实际情况对玉米联合收割机进行适当的调整。

（1）割台切割器的调整。割台切割器对收割质量有很大的影响。动刀片和护刃器之间的间隙，应为0.1~0.5mm。如果不对，可用榔头轻轻敲打进行调整。调整后的动刀片应滑动自如。

（2）搅龙叶片与割台底板间隙的调整。根据玉米的长势，调整搅龙叶片与割台底板之间的间隙。一般有以下3种情况：一般长势间隙应为15~20mm，稀矮长势间隙应为10~15mm，高大稠密长势间隙应为20~30mm。调整时，先将割台两侧壁上的搅龙固定螺母松开，再将割台侧壁上的搅龙伸缩调节螺母松开，转动调节螺母，使搅龙升起或降落。按需要调整搅龙叶片和底板之间间隙。调整后拧紧搅龙固定螺母即可。

（3）伸缩齿与割台底板间隙的调整。伸缩齿与割台底板的间隙应为 10~15mm。对长势稀矮的玉米，可调整为不低于 6mm。对长势高粗稠密的玉米，应使伸缩齿前方伸出量加大，有利于抓取作物，避免缠挂。调节伸缩齿与割台底板间隙时，应先松开调整螺母，移动伸缩齿调节手柄，即可改变伸缩齿与底板间隙。将手柄往上移动间隙变小；将手柄往下移动间隙变大。调整完后，必须将调整螺母牢固拧紧，防止脱落打坏机体。

（4）倾斜输送槽的链耙与底板的调整。将作物送入滚筒室内，正常的链耙与底板之间的间隙为 2cm。链耙在割台内部，其间隙不易观察测量。测量时，先打开输送槽观察口，将链耙中部上提起，高度在 5cm 左右为宜，如不到标准应及时调整。调整时，应先松开输送槽螺母，然后再拧转输送槽螺母，以达到张紧要求，调整后的链耙紧度必须适当，不允许张的过紧。调整链耙后必须拧紧调整螺母。最后应盖上输送槽观察口，拧紧螺母。

（二）玉米收割前的准备

（1）按照拖拉机使用说明书的规定对拖拉机进行班次保养，并加足燃油、冷却水和润滑油。

（2）按照收获机使用说明书的规定对机具进行班次保养，加足润滑油，检查各紧固件、传动件等是否松动、脱落，有无损坏，各部位间隙、距离、松紧是否符合要求等。

（3）根据用户要求和作业负荷情况，调整割台高度。一般情况下，割台高度不应低于 12cm。

（4）割茬高度，以不影响耕地作业、不影响下茬种植为

标准。

（三）玉米联合收割机的操作

1. 正确操作

（1）悬挂式玉米联合收割机在长距离行走或运输过程中，应将割台和切碎器挂接在后悬挂架上，中速行驶，除 1 名驾驶员外，其他部位不允许乘坐人员。

（2）在进入作业区域收割前，驾驶员应了解作业地块的基本情况，如地形、作物品种、行距、成熟程度、倒伏情况，地块内有无木桩、石块、田埂未经平整的沟坎，是否有可能陷车的地方等。应尽量选择直立或倒伏较轻的田块收获。收获前倒伏严重的玉米穗和地块两头的玉米穗摘下运出，然后进行机械收获作业。

（3）先用低 I 挡试收割，在地中间开出一条车道，并割出地头，便于卸粮车和人员通过及机组转弯。

（4）驾驶员应灵活操作液压手柄，使割台适应地形和农艺要求，并避免扶禾器、摘穗辊碰撞硬物，造成损坏。

（5）收获时最大行驶速度应在每小时 10~18km，速度不可过快，防止收获机超负荷运转，损坏动力输出轴。

（6）玉米联合收割机在田间作业时，柴油机油门必须保持在额定位置。

（7）当通过田埂或地头时，应该升起割台，并且避免急转弯。

（8）注意，玉米联合收割机作业时，要求横向坡度不应大于 8°，纵向坡度不应大于 25°。

（9）卸粮时，将卸粮搅龙筒放下，下压卸粮离合器操纵杆，进行卸粮。卸粮后上提操纵杆。卸粮完毕时，应将卸粮搅龙筒收回运输位置固定。行进卸粮时，应注意，两机间距必须大于 40cm。

（10）停车时，必须将割台放落地面，将所有操纵装置放至空挡位置或中间位置，应将手刹固定。

2. 玉米联合收割机的收获方法

玉米联合收割机常用的收获方法有梭型法、向心法和套收法。

（1）梭型法。机组沿田地一侧开始收获，收完一个行程后，在地头转弯进入下一行程，一行紧接一行，往返行进。这种收获方法优点是不受地块宽度限制，地块区划简单，行走方法容易掌握。其缺点是地头转弯频繁，地头需流出要较宽的距离。

（2）向心法。机组从地块一侧进入，由外向内绕行，一直收到地块中间。其优点是行走路线简单，地头宽度小，其缺点是需要根据收获机组的工作幅宽精确计算，否则，容易造成漏收。

（3）套收法。将地块分成偶数等宽的若干区域。机组从地块一侧进入，收到地头后，到另一区的一侧返回，依次收完整个地块。这种收获方法适合于区域长度较短的地块或垄地播种。

3. 安全使用规范

（1）机组驾驶人员必须具有农机管理部门核发的驾驶证，经过玉米收获机操作的学习和培训，并具有田间作业的经验。

（2）与联合收割机配套的拖拉机必须经农机安全监理部门年审合格，技术状况良好。使用过的玉米收获机必须经过全面的检修保养。

（3）工作时机组操作人员只限驾驶员 1 人。严禁超负荷作业，禁止任何人员站在割台附近。

（4）拖拉机启动前必须将变速手柄及动力输出手柄置于空挡位置。

（5）机组起步、接合动力、转弯、倒车时，要先鸣笛，观察机组附近状况，并提醒多余人员离开。

（6）工作期间驾驶员不得饮酒，不允许在过度疲劳、睡眠不足等情况下操作机组。

（7）作业中应注意避开石头块、树桩、沟渠等障碍，以免造成机组故障。

（8）工作中驾驶人员应随时观察、倾听机组各部位的运行情况，如发现异常，立即停车排除故障。

（9）保持各部位防护罩完好、有效，严禁拆卸护罩。

（10）严禁机组在工作和未完全停止运转前清除杂草、检查、保养、排除故障等。必须在发动机熄火机组停止运行后进行检修。检修摘穗辊、拨禾链、切碎器、开式齿轮、链轮和链条等传动和运动部位的故障时，严禁转动传动机构。

（11）机组在转向、地块转移或长距离空行及运输状态，必须将收获机切断动力。

三、玉米联合收割机的维护与保养

要想使玉米联合收割机为我们服务得更长久，除了正确使用外，必须切实做好维护保养工作。维护保养分为日常保养和入库保养。

（一）日常保养

（1）每日工作结束后，应清洁玉米联合收割机残留的灰尘、茎叶和其他杂物。

（2）检查每个组件连接，如果有松动要及时紧固。特别要检查破碎装置叶片，紧固刮板输送机，面板有无变形和损坏。

（3）检查三角带、传动链、输送链条张力。松动后要进行调整，有损坏变形的要进行更换。

（4）检查减速机、封闭齿轮箱，以及液压系统液压油、润滑油有无泄漏和不足。

（5）经常清理散热器。因为玉米收割机工作的环境比较恶劣，作业场地尘土飞扬，碎秆、碎草较多，对于散热器来说，很容易被堵住，加之连续工作负荷重，易造成发动机水箱温度过高。因此，作业前一定要注意清理水箱防护罩，尽量把里面的草屑、灰尘清理掉。这一环节可以在作业间隙来完成。

（6）清理空气滤清器。因为玉米收割机作业环境恶劣，空气滤清器也容易造成滤网堵塞，因此要经常进行清理。要严格按收割机使用说明书规定进行保养，并根据工作情况增加清理次数。

（二）入库保养

玉米收割机在经历了几十天的连续作业后，机器内部会积有大量的尘土和污物，并伴有零部件的不同程度的磨损，因此在收获季节结束之后，一定要对玉米收割机进行科学的保养，这样既可以延长玉米收割机的使用寿命，还能降低下一年玉米收割机故障的发生率。

（1）仔细认真清洗机器。在清扫机器时，首先打开机器各部位的检视孔盖，拆下所有的防护罩，清除滚筒室、过桥输送室内的残存杂物，清扫抖动板、清选室底壳、风扇蜗壳内外、变速箱外部、割台、驾驶台、发动机外表等部位残存的秸秆杂草和泥土杂物等。清扫完毕，启动机器，让各部件高速运转 5min，排尽各种残存物，然后用水冲洗机器外部，再开动机器高速运转 3~5min，以除去残存的水，晾干后存放。

（2）各滤清器、散热器片需要进行清理和清洗干净，要认真检查变速箱里机油量、液压装置液压油是否充足，查看是否需要更换。将传送带、链、弹簧和履带等张紧装置放松。

（3）查看行走离合器及主离合器摩擦片、分离轴承，观察各组离合器及轴承磨损情况是否严重，如果影响到以后的工作，就要进行调整或更换。要拆下各球面轴承，从轴承小孔处加注润滑油。

（4）作业结束后入库前要卸下蓄电池，把蓄电池里面的电解液倒出，一定要清理干净电瓶和芯片表面的灰尘，最后使用蒸馏水多次冲洗电瓶及锌片，放在干净通风处晾干，晾干后包装储存待下一年使用。

（5）清洗切割器，清洗干净后在切割器表面涂抹防锈油，防止切割器被锈蚀。同时，检查切割器各工作部件是否有破损的地方，根据不同的损坏程度进行修理或更换，并在各运动表面要进行 1 次充分润滑。

（6）对链轮进行清洗，并在链轮表面涂上防锈油以防止锈蚀。检查链轮各零部件的损坏情况，根据损坏情况予以修理或更换。同时，对链轮各个接触运动部件进行润滑。

（7）选择好长期停放收割机的场所，停放地点应选在通风、干燥的室内，不要露天放置。放下割台，割台下垫上木板，使其不能悬空，前后轮支起并垫上垫木，使轮胎悬空，要确保支架平稳牢固，放出轮胎内部的气体。在停放保管期间，每月要求对液压操纵阀等工作位置扳动 10~15 次，同时，要经常转动发动机曲轴，促使活塞、气缸等部位经常得到润滑。有条件的还要加盖篷布，以减少灰尘及杂物等进入。

（8）卸下所有传动链，用柴油清洗后擦干，再浸入机油中 15~30s 后装复原位。若磨损严重，则应更换新品。也可浸油后用纸包上存放。卸下拨禾压木板，捆束后平置在架上。

（9）拆下割刀总成，清洗后涂防锈油置水平板上，或吊挂起来防止变形。

（10）拆下燃油箱和输油管，用干净柴油刷洗，确保无渗漏，防止受潮生锈。

（11）放出空气滤清器、发动机油底壳、机油滤清器内的机油。

（12）清洗冷却系统，彻底放净冷却系统中的冷却水，防止冬季结冰冻裂机件。

模块九　农业机械操作员经验交流

一、农机具选购原则

选购何种型号的机具，如何着手是每一个农业机械操作员，首先要遇到的问题。一般来说，选购农机具可以按下述的原则进行考虑。

（1）适用性原则。农机具品种繁多，性能各异，在购机之前首先要尽量多的收集不同机具资料，如使用说明书、有关宣传资料等，以便进行初步的比较。并着重从以下几个方面考查。

① 机具的适用范围：包括作业对象和适用环境条件，应选取环境条件符合当地使用要求、能保证完成所要求的作业内容的机型。

② 机具的配套动力：选购作业机具时尤其要注意其对动力的要求，如配套动力是否相近，挂接装置能否保证有效连接，作业速度、装机容量等是否与使用条件相当等。

③ 作业性能：机具的作业性能要与当地的农艺要求相适应，不同的地区，耕作习惯不同，对机具的要求也不一样。此外，还有作业质量的要求。为了保证作业质量达到要求，一般在选购机具时，应使其性能指标略高于作业对象所要求的性能指标（有余量），这是因为农机具在一定的使用时间内，由于机件的磨损，其性能指标是在一定范围内变化的，特别是农田作业，受作物及田间条件的影响很大，偶然性因素很多，往往都会使机具的性能

指标降低。

④ 能源消耗和人力占用量：能源消耗是指工作过程中所消耗的燃料、电力、水等；人力占用量是指完成作业所需要的人数及劳动强度的高低。能源消耗应以完成相同的作业耗能低的为好，人力占用应根据自己的条件考虑。

（2）经济性原则。经济性，通俗点讲就是"值不值"。一般从两方面来讲，首先是现实效益也就是直接效益，其次是潜在能力。购机时要着重从现实生产规模、经济条件考虑，不要片面的追求自动化程度和多功能，大多数情况下，自动化程度和功能齐全往往与机具的价格和繁杂程度有密切的关系，就目前机具生产水平和用户使用水平来看，机具的功能越多，发生故障的机会就越大，可靠性也就越低，其作业成本也就越高。机具的潜在能力是指进一步扩大再生产的能力，从生产能力的角度来看，选购机具时要在满足当时生产规模要求的基础上，留有一定的余地，以便进一步扩大生产规模。

此外，作业质量也应作为经济性原则的一个方面来考虑，特别是对于农副产品加工机械来说，意义就更大了。购机时，应选择加工出的产品品质尽可能高，损失率尽可能低的机械。这是因为损失率低，品质越高其浪费就越少，经济收入就越多。

（3）配套性原则。在选购新的机具时，要考虑的另一个方面是准备购置的机具与已有的机具的配套性，要搭配合理，相互适应，特别注意以下几点。

① 生产能力要大体上一直或相容（成倍数关系），减少不必要的浪费。

② 作业程序上要尽可能不交叉，不互相干扰。

③ 相互间的连接要恰当，便于装卸，特别是拖拉机配套的农田作业机具，要注意挂接方式，挂节点位置等要能满足作业要求，并且要有一定的调整范围。

④ 动力配套要留有一定的余地。动力输出部位要与农具一致，功率大小要协调。

（4）标准化原则。标准化是指机具的结构参数，动力参数及零部件的标准化，通用化程度。这一点对农机用户来说很重要。通用性好，标准化程度高的机具，维修方便，配件易购，相对维修成本降低，有效利用时间多，经济效益就高。

（5）安全性原则。安全性一般指作业的安全性和人身健康的安全性 2 个方面。作业安全性是机具具有维持正常生产的属性。此为机器的内部属性。比如工作中不能有过热现象的热保护，有害物质的外泄，对加工对象的损坏的防止措施等。人身安全主要是指有碍人体安全的缺陷。例如，是否有必要的安全防护措施，环境噪声，安全警示标志是否合格，齐全等。

（6）企业信誉原则。机具的型号，规格确定之后，购机时还要看企业的信誉程度，实力和用户服务情况。应尽可能购买信誉高，实力强，用服务好的企业的产品，这对维护购机者自身的利益是有好处的。

目前我国农机行业，国家、省、地市级的质量监督和试验检测部门已经形成了自上而下的管理体系，负责对农机产品的质量情况进行监督管理。作为农机生产企业和用户的第三方，每年都接受政府有关部门的委托，向广大农民用户推荐优质，可靠的农机具。必要时通过向这些部门咨询，也会对你购机提供进一步的帮助。

二、新购置农机使用注意事项

（1）买到新机子后，在发动机的使用前，首先要认真细读该机的使用说明书，特别注意要使用规定牌号的燃油，用前要充分沉淀与过滤，加油器要保持清洁。润滑油要保持清洁，加进数量要足够，并定期更换，使用牌号要与规定相符。空气滤清器要经常注意保养。要注意添加冷却水，特别是不要使发动机处在缺水的状态下工作。要经常注意检查，紧固有关的螺栓、螺母，特别是连杆螺栓，传动轴上的螺栓和飞轮上的锁紧螺母、车轮的固紧螺母等。

（2）买到新机子后，不要马上带负荷作业，应按照说明书的要求对其进行试运转磨合。磨合结束后，清洗该机机油滤网及清除机油中的残留杂质，有必要的还要对其机油进行更换，并清洗油底壳。

（3）新机进行作业时，要严格按照厂家的说明书的要求去做，不超载，不超速，不超喂入，不长期超负荷工作。

（4）不能随意对新机子进行改装和任意调高发动机的转速。有些用户为了使机子跑得更快，随意调高压油泵的供油量和供油压力，有些又把调速弹簧用铁丝扎起来，那就更是错误。

三、耕整机安全操作常识

（1）耕整机作业，不准在起步前将刀片入土或猛入土。

（2）作业时，不准急转弯，不准倒退。转弯或倒退时，应先将耕整机升起。地头升降，须减慢转速，不准提升过高。方向节传动角度不得超过 30°。

（3）清除耕整机上的缠草、杂物或紧固、更换犁刀时，须先切断耕整机动力，在发动机熄火后进行。

（4）手扶拖拉机在地头转弯时，应先托起手扶架，耕整机犁刀出土后，再分离转向离合器。

（5）田间转移或过埂时须切断动力，将耕整机提升到最高位置。过田埂时，驾驶员应有力控制耕整机。

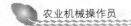

四、夏季农用机车使用要"五防"

一防发动机温度过高。夏季气温高，影响发动机的功率。在使用中若遇发动机"开锅"，多数情况是水箱缺水，但此时切不可立即加入，否则，会引起缸盖或缸体炸裂。正确的做法是：停止运行，低速运转，待水温降到 70℃ 左右，再慢慢加入清洁的冷却水，超负荷作业，不但水温升高很快，而且容易损坏机件。所以，一般情况下负荷应控制在90%左右为宜，留下 10%作为负荷储备，以便应付上坡或耕地阻力变化带来的短时间超负荷。

二防使用油料不对路。润滑油黏度随温度高低而变化，温度升高则黏度下降。因此，夏季应换用 HC－11 号柴油机机油。另外，尽量选用高凝点牌号的柴油，这样能降低成本。

三防轮胎气压偏高。高温季节，昼夜温差大。温度升高，空气热胀体积增大，轮胎压力升高，容易引发轮胎爆破，造成不必要的经济损失。所以夏季给轮胎充气应比冬季低 5%~7%，绝不允许气压高于轮胎的标准气压。

四防发动机水垢过厚。发动机水套水垢过厚，会使散热效率降低 30%~40%，易引起发动机过热，造成发动机工作恶化，功率降低，喷油嘴卡死，导致严重事故。因此，要定期消除水垢，保持良好的冷却性能。

五防风扇胶带紧度偏松。高温下作业，胶带张紧度下降，造成胶带打滑，传动损失大，胶带易损坏。因此，夏季冷车调整发动机，胶带张紧度要比标准值略高一点。

五、夏季拖拉机驾驶操作注意事项

（1）雨天行驶，雨天驾驶拖拉机要特别注意路面上的各种情况，随时预防可能发生的事故。需刹车时，切忌长时间一脚踩死，以防侧滑。除非万不得已，不要雨天作业，更不要撑伞开车。

（2）酷暑天气行驶，一方面要注意防暑；另一方面要保证驾驶员休息充足，以防疲劳驾车。

（3）泥泞道路行驶，由于行车阻力大，附着力小等原因，易导致车辆制动效能降低、方向不易掌握、侧滑等安全隐患。在泥泞道路上行驶应注意：选择正确的行驶路线；保持匀速行驶；尽量避免使用脚制动；采用防滑措施。

（4）雾天行驶，应根据视距适当降低车速，开启防雾灯或大灯近光和鸣号，随时提醒来往车辆和行人，并随时做好停车准备。行驶中要沿路的右侧行驶，但不要太靠路边。会车时要开闭车灯示意，避免超车。遇到大雾时，应将车暂停在宽敞平坦的道路上开亮小灯，等大雾散去或能见度好转后再行驶。

（5）其他情况下注意事项，拖拉机炎热天气行驶，发现发动机温度过高时，应选择阴凉处停车，让其自然冷却，恢复正常。当冷却水烧干时，禁止热车时马上加入冷却水，以防机体开裂。轮胎温度出现过高时，也应停车自然冷却，不可采取放气或泼冷水的方法进行降温降压。随时检查制动器效果，尤其下长坡时使用制动器较为频繁，更应及时检查制动毂的温度，谨防制动器因温度过高而失灵。

六、拖拉机使用八注意

（1）避免蓄电池曝晒。因电解液温度太高，极板容易产翘曲变形，使活性物质脱落，木隔板受到损坏。

（2）选用合适的润滑油。一般北方地区夏季可选用 11 号柴油机机油，南方选用 14 号柴油机机油，以保证润滑油有足够的黏度，减少机件的磨损。

（3）及时调换润滑油散热器换向阀位置。进入夏季作业时，应把换向阀转到使润滑油通往散热器的油道打开的位置，使润滑油散热，保持润滑油的正常温度。

（4）水箱里应注意加水。因夏季机车升温快，水箱易"开锅"，更容易生成水垢。

（5）水箱"开锅"时，不要马上加冷水。防止发动机有关部件产生应力集中而炸裂。应用低速小油门空运动一段时间，待水温下降后再加冷水。

（6）拖拉机长时间连续工作时，要适时停车。检查轮胎的温度以及水温、油温、机温，待温度下降后再作业。

（7）注意轮胎充气压力。一定要保持在规定范围内。

（8）不要把拖拉机长期停放在阳光下曝晒。以防轮胎过热而爆炸。

七、拖拉机田间作业安全操作常识

1. 过沟渠

一般深而宽的沟渠先填平或用跳板铺垫后再通过；浅而窄的沟渠可用低速挡斜驶通过，即拖拉机机身与沟渠成一定斜角，让拖拉机左右前轮和左右后轮依次通过以减轻机车振动冲击，若受地形所限必须直驶通过时，则先让前轮缓缓下沟，然后加油门让前轮上沟再让后轮缓缓下沟，最后再加大油门让后轮上沟，若拖拉机牵引农具，应先将农具调到最高运输位置；悬挂农具时，应调整限位链，防止农具左右摇摆，并压下油缸定位阀，以免油管内产生高压冲击而爆裂；后轮越沟时，不得猛抬离合器踏板，以防拖拉机翘头。手扶拖拉机过沟时，应用跳板铺垫或填平沟渠；也可将发动机熄火，摇转曲轴通过。

2. 爬田埂

一般较低的田埂可直驶或斜驶通过，通过方法与过沟渠相似，若田埂较高且陡，或拖拉机从较低的梯田向较高的梯田转移，应先在田埂上填土堡、石块等，或用跳板引导，用低速挡缓缓通过，注意：牵引农具时用前进挡通过；悬挂农具时则一定要用倒挡越过，以免拖拉机翘头或纵向翻车。下田埂时，或从较高的田块向较低的田块转移时，也应在埂下垫物或铺跳板引导，悬挂农具的，应用前进挡低速下埂。

3. 越泥泞

拖拉机在松软潮湿的田块中作业时，若田中有积水，应先绕着走，先耕没有积水的部分，并尽量减小农具的耕幅和耕深，降低牵引阻力，以免打滑陷车。通过泥泞道路时，应稳住方向，尽量选择干硬路面和已有车辙中行驶，并降低车速，尽量少用制动，避免使用紧急制动，以防机车侧滑横甩；若路中坑洼积水较深，应先填平后通过。

4. 陷车

当拖拉机驱动轮打滑陷车时，应立即停车，升起农具，不得盲目加油门前冲后撤，否则会越陷越深。这时应用木板、石块、柴草等物垫在后轮下，用低速挡驶出；如果拖拉机单边驱动轮打滑，也可结合差速锁驶出。注意，在驶出滑陷区过程中切不可停车，因为机组在起步时需较大的牵引力，停车后重新起步会使拖拉机再次陷车。手扶拖拉机陷车时，可挂低挡，减压摇转曲轴使拖拉机驶出陷坑；若手扶拖拉机防滑铁轮陷入田间泥中，可用长竹杠穿过防滑轮辐条，摇转曲轴，利用竹杠的支撑作用使驱动轮（防滑轮）驶出泥坑。

5. 飞车

拖拉机在田间作业中突然飞车时，应立即关死油门，同时，加大拖拉机负荷（如不摘挡制动或加大农具耕深），将拖拉机憋熄火。切不要摘档停车，否则，发动机负荷减轻转速还会急剧升高，若拖拉机在停驶中飞车，应立即关闭发动机油门，松开高压油管螺母，或用毛巾、旧布堵死空气滤清器进气口，或扳动减压手柄使发动机熄火。熄火后，应仔细查找故障原因并予以排除。

6. 翻车

由于拖拉机的稳定性差，加上田间道路不平以及耕地时的倾斜，拖拉机（特别是手扶拖拉机）容易发生翻车事故。拖拉机翻车后，应立即熄火，尽快将拖拉机扶正，并对机车进行全面检查。如检查油箱、曲轴箱、气缸、变速箱内有无泥水进入，机体、缸盖、缸套、牵引框有无裂纹，曲轴、凸轮轴、连杆、气门推杆等有无弯曲变形，紧固件是否松动等，确无问题后方可重新启动。为预防翻车事故的发生，作业中除应掌握前述过沟渠、爬田埂的操作要领外，还应注意以下几点。

（1）手扶拖拉机起步时严禁捏转向手柄。

（2）手扶拖拉机下陡坡时转向操作与平地转向操作方向相反。

（3）通过泥泞路段时严禁紧急制动。

（4）机组田间掉头时严禁高速急转弯。

（5）拖拉机横坡作业时行驶速度不宜过快。

（6）拖拉机悬挂农具上陡坡时应采用倒挡通过。

（7）拖拉机在下田作业前应先查看田块中有无隐蔽性陷坑。

（8）拖拉机在田间机耕道上行驶时不得过于靠近路肩。

八、拖拉机发生故障和事故时怎么办

1. 在"三包"有效期内发生故障

凭发货票和"三包凭证"到指定的维修点进行修理，并要求修理者在"三包凭证"中记录维修情况和时间。

2. 产品在外地作业时发生故障

如产品在外地作业时发生故障，难以到指定维修点进行修理，应及时与销售者联系，说明情况，协商维修事宜。如对方同意在外修理，需开具维修发票，如需更换零件，需将损坏的零件保存，以便日后凭此与"三包"责任方交涉；如对方不同意在外修理，用户则需自己承担在外修理的有关费用。

3. 因产品质量问题发生事故

第一要注意保护好现场，及时取证（照相、录像、录音等），并及时与产品销售者取得联系，要求其到现场确认有关情况。

第二，请农机管理、质量技术监督部门到现场察看，必要时对产品进行封样、鉴定，并出具书面证明材料，同时保存好损坏的零部件。

第三，如造成人员伤亡，须由公安机关对事故进行现场勘察、取证后出具书面证明材料。处理事故所发生的费用，要保留单据，以备后用。

九、水稻插秧机的安全操作

（1）插秧机在工作时，严禁秧船上站人，以防挂链崩断和损坏其他机件。

（2）为保证秧苗栽插质量，除要求正确安装机器外，还要求整地质量要好。其标准是：田面平坦、上细下粗，并在适当沉淀后插秧，防止秧船拥泥和秧苗下陷。

（3）操作插秧机，变挡时不允许猛推硬挂；挂挡后，离合器结合要平稳，防止损坏工作部件。

（4）机动插秧机在田头转弯或越埂时，必须先使分插机构停止工作，升起秧爪排（分插轮）。田间越田埂时，装秧手应从机器上下来，帮助机器越过田埂。

（5）插第一趟时，应离开田埂 2m，最后绕田边一周插完，从田角出去。当插到倒数第二趟、待插田幅宽小于 2 个工作幅宽时，应拿掉几个秧箱里的秧苗，以保证最后一趟用完。在每一次接行时，应保持行距一致。

（6）在插秧过程中，驾驶员与装秧手应密切配合。若装秧手来不及装秧、秧箱里的秧苗过少或插秧质量变坏，驾驶员应降低机器速度或停车检查。如田间遇到障碍物，应立即停止插秧并升起秧爪排（分插轮），待机器越过后再进行作业。

（7）插秧机工作时，装秧手不能靠压秧箱，以防机件加速磨损而变形。作业中严禁用手触碰秧叉，以防被秧叉刺伤。

十、联合收割机驾驶员的管理要求有哪些

根据《联合收割机跨区作业管理办法》的规定，对联合收割机驾驶员的管理主要是：

（1）联合收割机驾驶员应熟练掌握联合收割机操作技能，熟悉基本农艺要求和作业质量标准，持有农机监理机构核发的有效驾驶证件。

（2）联合收割机及驾驶员、辅助作业人员应严格按照《联合收割机及驾驶员安全监理规定》的要求进行作业，防止农机事故发生，做到安全生产。跨区作业期间发生农机事故的，应当及时向当地农机管理部门报告，并接受调查和处理。

（3）持假冒《作业证》或扰乱跨区作业秩序的，由县级以上农机管理部门责令停止违法行为，纳入当地农机管理部门统一管理，可并处 50 元以上 100 元以下的罚款；情节严重的，可并处 100 元以上 200 元以下的罚款。

十一、收割作业时应注意哪些安全事项

为保证人身和机器安全，驾驶联合收割机在作业时应注意以下安全事项。

（1）禁止非驾驶人员驾驶联合收割机。

（2）按规定启动发动机，并预先检查变速杆档位，卸粮手柄是否放在分离位置。

（3）在发动机启动、接合脱谷离合器和行走离合器前，必须给信号，以保证安全。

（4）收割机运转时，不允许用手或脚触摸机器的工作部件，各种调整和保养只有在发动机停止运转后才能进行。

（5）收割机工作时，地面允许最大坡度不超过15°，上下坡时不宜停车或停车换挡。在斜坡上作业必须停车时，应先踩离合器踏板，后踩刹车踏板，不要摘档（车熄火后）。

（6）经常检查刹车机构和转向机构的工作可靠性，发现问题，及时解决。

（7）卸粮时，禁止用铁器推送箱里的粮食，更不允许人跳进粮箱里，用脚推送粮食。

（8）机器停止后，应将变速杆置于空挡位置，切断脱粒离合器，在割台未放到可靠的支承物之前，禁止人到割台下工作。

（9）及时清理残留在发动机和散热器护罩上的茎秆杂物。

（10）及时排除发动机燃油以及液压系统的漏油现象。

（11）经常检查电线的连接和绝缘情况，电路导线上不应粘有油污。

（12）不许在正在收割的地块内加油，严禁在机器和作物旁边吸烟。

（13）收割开始前，应在收割机上装一个状态良好的灭

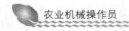

火器。

（14）联合收割机行驶转向时不能操纵液压提升和行走无级变速控制，防止转向失灵出现意外。

（15）修理割台和在割台倾斜输送器下工作时一定要将油缸锁定装置锁住。

十二、联合收割机火灾事故预防措施

联合收割机夏季作业期间由于气温高、作业场地干燥、环境恶劣、普遍存在长时间超负荷运转现象，极易发生联合收割机火灾事故。

1. 收割机线路搭铁起火

原因分析：收割机在维修时，各种油料洒落比较多。由于气温高，油料极易气化，遇火即燃。

预防措施：驾驶操作人员要经常检查机身线路与机体接触部位绝缘材料是否完好，及时更换老化线路。另外，启动机发生故障时，不要采用金属物直接连接马达的办法启动；蓄电池亏电时，不要采取外加蓄电池并联启动的方法。

2. 收割机与田间线路接触引起火灾

原因分析：联合收割机与田间电力线路相碰，接地起火，造成火灾事故。

预防措施：进地作业前，仔细查看作业现场，必要时，应将田间线路断电。

3. 轴承损坏，摩擦过热起火

原因分析：联合收割机长时间超负荷运行，极易造成轴承损坏，摩擦过热，造成火灾事故。

预防措施：驾驶操作人员要经常检查轴承运转情况。检查轴承损坏的方法是：停车熄火，操作者用手直接触摸轴承部位，检查轴承温度，感觉烫手则说明轴承已坏，必须及时更换。

4. 皮带打滑，摩擦过热起火

原因分析：联合收割机传动皮带较多，张紧度过松容易造成皮带打滑，摩擦过热起火。

预防措施：驾驶操作人员要经常检查调整皮带张紧度防止皮带打滑起热。

5. 发动机回火，造成火灾

原因分析：联合收割机作业环境差，机身覆盖大量麦糠、秸秆等易燃物，如果发动机回火，排气管有火星喷出，极易造成火灾事故。

预防措施：联合收割机作业前安装火星收集器（防火罩），操作人员及时清理机身易燃物。

6. 其他原因

原因分析：操作人员在作业现场抽烟、乱丢烟头以及明火照明等行为极易引发联合收割机火灾事故。

预防措施：严禁在作业现场抽烟、乱丢烟头；夜间检修时严禁采取明火照明。

操作人员要了解消防安全常识和具备处置初期火灾能力，随机配齐配足必要的消防器材，养成良好的操作习惯，不乱丢烟头，作业前应将联合收割机进行细致全面的防火安全检查，严禁违章或带病作业。火势不可控制时，调集联合收割机按照风向在周围麦田冲出防火带。

十三、为什么饮酒后不宜开车或田间作业

驾驶员饮酒后，大脑皮层可出现短暂的兴奋，使人激动不安，有的动作缺乏灵活性和准确性。随后又很快转入较长时间的抑制，反应迟钝，昏昏欲睡，反应性差，动作拙笨；有的听觉、

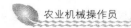

视觉发生障碍等。这时，如果驾驶机动车辆或从事农田作业，大脑极易判断失误而发生交通事故或农田机械责任事故。

十四、跨区作业携带油料应注意哪些问题

外出参加跨区作业，携带少量柴油应急备用很有必要，但要注意以下几点。

（1）携带的油桶等盛油器具要干净、不漏，封口要严密。

（2）不能将油桶放置在驾驶室或发动机附近。

（3）夜间严禁用明火照明观察或加油。

（4）加油前注意清洁油箱加油口和桶口，加油时防止油料中混入水分和杂质。

（5）油桶损坏可用粘补剂进行粘补，必须焊修的，应先打开桶盖驱净残油并用火碱清洗后方可焊补。

十五、参加跨区作业时遇到截机该怎么办

根据《联合收割机跨区作业管理办法》的规定，严禁单位和个人上路拦截过境的联合收割机，诱骗、强迫机手进行收割作业。对截机者一方面要耐心说服，不能轻信他们的所谓承诺而随意改变预定路线。同时，要注意保护自己的财物，尽量避免冲突。对抢劫、毁机等违法行为要及时向当地公安、农机部门报案。对统一组织的作业队，要事先与当地接机方的农机中介人或经纪人取得联系，通过他们帮助解决和制止截机问题。

十六、如何处理农业机械刹车失灵

如果你平时没注意定期更换刹车液，或刹车系统经年老化，

系统失去了密封性，刹车液里就可能进水。那么在高负荷情况下刹车系统里会产生蒸汽。其后果是：刹车压力突然减少。试想一下：车正在高速前进，却突然发现刹车不管用了。此时，千万别慌，别想当然地一伸手猛拉手刹，因为手刹一般作用在后轴上，在高速情况下即使把刹车片拉红了也没用，反而会使车甩尾。

正确的做法是：立即设法降低Ⅰ～Ⅱ挡，一般称作发动机降速，再反复踩刹车踏板，一般是能够把气体赶出去，重新恢复刹车力的。如果这样做还不行，就只能采取下策了：小心地往路边护栏上靠，以期强行减速。但此时你要让车身与护栏接近平行，否则，车会被弹出来，也很危险，最后，当车速很慢时，可以借助于手刹使车最终停下来。

十七、农用车巧法换轮胎

农用车在行驶时，难免遇到轮胎泄气、扎钉或爆胎等情况，如何尽快换上备用轮胎呢？

下面介绍的方法能够让你又快又好地换好轮胎。

牢记车轮紧固螺栓的旋转方向。一般右侧车轮的螺母制成右旋螺纹（正牙），左侧车轮的螺母制成左旋螺纹（反牙）。因此，拧松左侧车轮螺母时应顺时针方向用力，拧紧时则应逆时针方向用力。

采取对角、交叉、分3次或4次拧动的方法拧动螺母，以防轮盘变形及作用力集中在个别车轮螺栓上。

拆卸时，先用套筒扳手拧松车轮螺母，暂不取下，再用千斤顶顶起车桥，直到轮胎稍许离开地面，再拧松螺母，抬下车轮。

安装时先在螺纹上涂抹锂基或钙基润滑脂，以减少滑扣的可能性。抬上、抬下车轮时要对准螺栓孔，以免撞坏螺栓丝扣。拧螺母时先用手拧紧，然后用专用扳手拧到车轮下松动时，解除千斤顶，让车轮降到地面，再用适合的力量交叉拧紧各车轮螺母。

安装轮胎总成时，应将轮胎的气门嘴对正制动鼓的斜面。

对于双胎并装的后轮，应注意以下几点：

如果两轮胎的磨损程度不一样，应将直径较大、磨损较轻的一只装在外侧，以适应拱形路面行驶的需要。

如果仅更换外侧轮胎，要先拧紧内侧车轮的内螺母，然后再安装外侧车轮。

两只轮胎同时更换时，要用千斤顶分 2 次顶起车轮，分别安装内、外轮胎。

两只车轮上的制动间隙检查孔应错开。

内、外两轮的气门嘴应对称排列，以利于检查和调整内胎气压。

十八、农机维修窍门

1. 巧装轮胎

先除掉轮胎上的铁锈，在内、外胎之间涂一薄层滑石粉，然后把轮圈放平，放上外胎。用脚踏撬棍把外胎一侧轮缘撬入轮圈中，放入内胎，并用铁丝把充气阀固定在轮圈充气阀孔中，最后安装外胎的另一侧。从充气阀相应位置开始，用撬棍把轮胎一部分先撬入轮圈，接着逐渐从充气阀向两边安装，同时用脚踩住与充气阀相对应位置的胎面，边踩边撬，就能使外胎的钢丝圈部位逐渐装入轮圈。

2. 巧装油封

往轴上装油封时，其密封内端面容易发生扭曲，导致漏油。可尝试以下方法，防止此类现象发生。用一张干净的薄硬纸卷成喇叭筒状，小端朝外套在轴上，将油封放在卷筒小端上，用手把油封轻轻地向轴上旋进，旋转方向与卷筒卷向一致，当油封旋到位后慢慢退出卷筒即可。

3. 巧拆水箱

拆卸手扶拖拉机水箱时，由于螺栓装在水箱内部，本来就不便于施力，如果螺栓又锈蚀了，拆卸将更加困难。可尝试用梅花扳手套在六角螺栓头部，取一根长约 1mm 木棍或铁棒，其下部抵住梅花扳手施力处，以水箱上边缘止口为支点，用扳手上部，由于杠杆作用，水箱螺栓即可松动。如果水箱螺栓六角头锈蚀、打滑严重，可用长凿子（刃口不要锋利）对准六角头边缘，朝旋松方向凿动；若多次凿不动，可改用锋利的凿子把六角头凿去，待水箱拆下后再在机体上钻孔攻丝。

4. 巧用电缆线断线

水泵用的电缆线在使用中由于反复折叠、扭曲，容易产生断线。用一个220V 的电源插头，在其 1 根电源线上串接 1 只 220V、15W 的灯泡，将 2 根电源线分别接电缆中一根芯线的两端，接上电源后灯泡亮表示线路通，否则表明这根芯线断。这时再用双手握住电缆，用力一段一段向中间挤压，如果挤压到某处时灯亮则表示此处断线。断开电源，用刀切开胶套，接好断线，再用绝缘胶布包好即可。

参考文献

比文平 . 2017. 农机安全生产与事故处理必读 ［M］. 北京：
　　金盾出版社 .

毕文平 . 2015. 拖拉机联合收割机驾驶员必读 ［M］. 北京：
　　中国农业科学技术出版社 .

江占才，王鹏飞，秦军锁 . 2015. 新型农机驾驶员 ［M］. 北
　　京：中国农业科学技术出版社 .

李鲁涛，李敬菊 . 2014. 农业机械操作员 ［M］. 北京：中国
　　农业出版社 .

李学来 . 2014. 联合收割机使用与维修 ［M］. 南昌：江西科
　　学技术出版社 .

晏国生，毕文平 . 1995. 农作物高产农机农艺综合实用配套
　　技术 ［M］. 北京：中国计量出版社 .

易克传 . 2014. 农用机械维修实用技术 ［M］. 合肥：安徽大
　　学出版社 .